영재학급, 영재교육원, 경시대회 준비를 위한

창의사고력 초등 수학 팩토

이 책의 구성과 특징

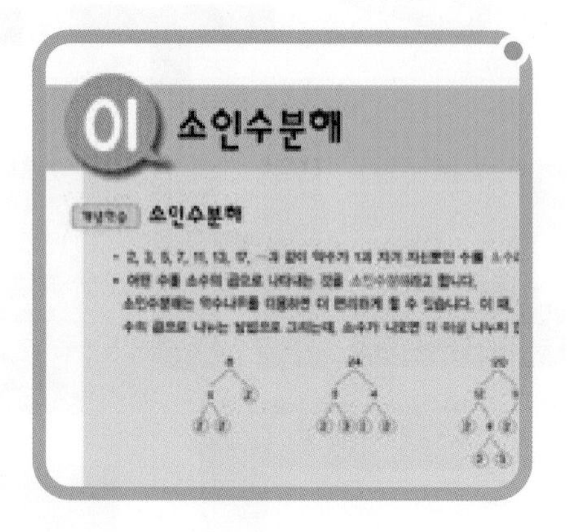

개념학습

'창의사고력 수학' 여기서부터 출발!!
다양한 예와 그림으로 알기 쉽게 설명해 주는 개념학습, 개념을 바탕으로 풀 수 있는 핵심 예제 가 소개됩니다.
생각의 방향을 잡아 주는 강의노트를 따라 가다 보면 어느새 원리가 머리에 쏙쏙!

유형탐구

창의사고력 주요 테마의 각 주제별 대표유형을 소개합니다.
한발 한발 차근차근 단계를 밟아가다 보면 문제해결의 실마리를 찾을 수 있습니다.

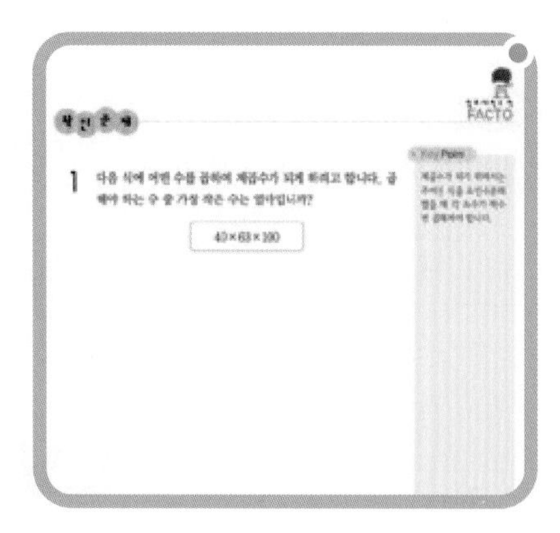

확인문제

개념학습과 유형탐구에서 익힌 원리를 적용하여 새로운 문제를 해결해가는 확인문제입니다.
핵심을 콕콕 집어 주는 친절한 Key Point를 이용하여 문제를 해결하고 나면 사고력이 어느새 성큼! 실력이 쑥!

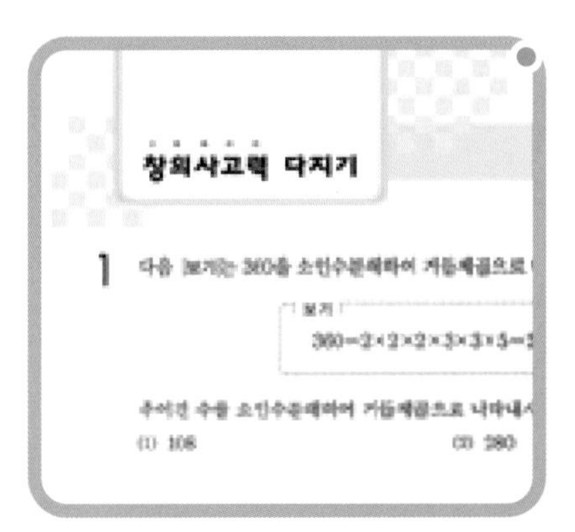

창의사고력 다지기

1 다음 [보기]는 360을 소인수분해하여 거듭제곱으로

창의사고력 다지기

앞에서 익힌 탄탄한 기본 실력을 바탕으로
창의력 · 사고력을 마음껏 발휘해 보세요.
창의적인 생각이 논리적인 문제해결 능력으로
완성됩니다.

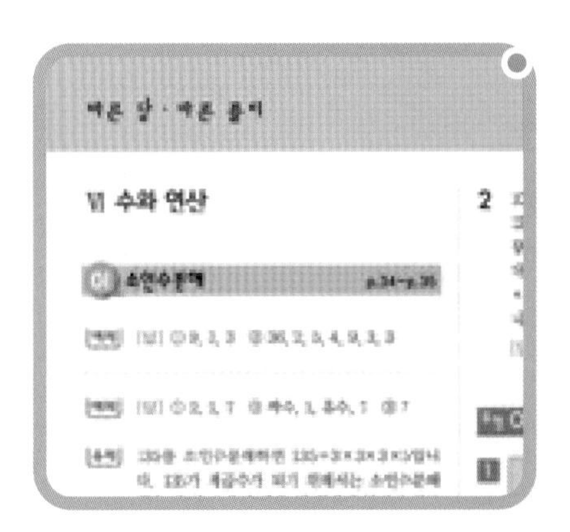

바른 답 · 바른 풀이

Ⅶ 수와 연산

바른 답 · 바른 풀이

바른 답 · 바른 풀이와 함께
문제를 쉽게 접근할 수 있는 방법이 상세하게
제시되어 있습니다.

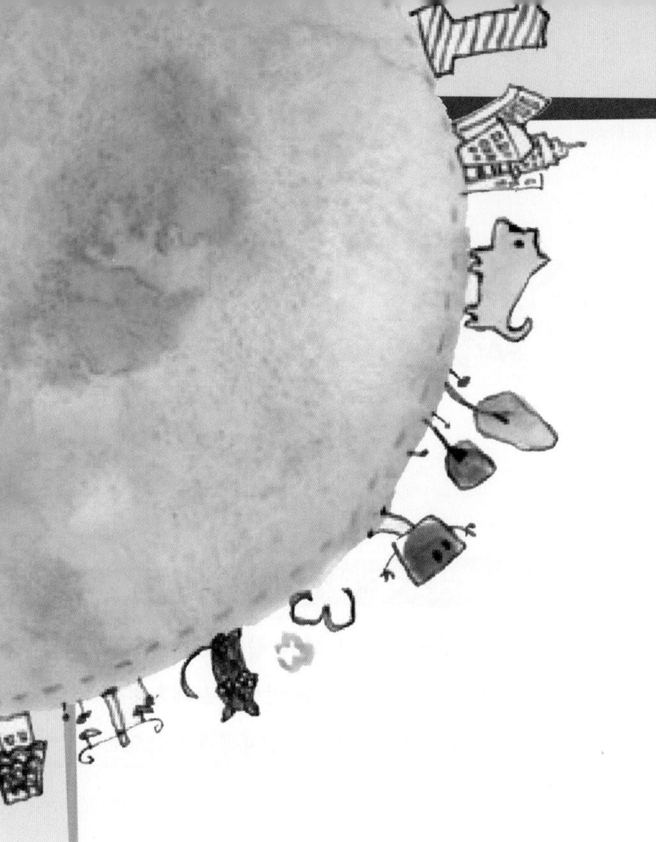

이 책의 차례

머리말

서로 다른 펜토미노 조각 퍼즐을 맞추어 직사각형 모양을 만들어 본 경험이 있는지요?

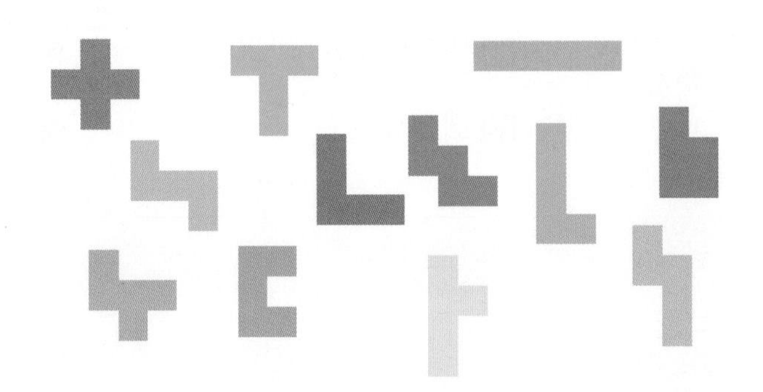

한참을 고민하여 스스로 완성한 후 느끼는 행복은 꼭 말로 표현하지 않아도 알겠지요. 퍼즐 놀이를 했을 뿐인데, 여러분은 펜토미노 12조각을 어느 사이에 모두 외워버리게 된답니다. 또, 보도블록을 보면서 조각 맞추기를 하고, 화장실 바닥과 벽면의 조각들을 보면서 멋진 퍼즐을 스스로 만들기도 한답니다.
이 과정에서 공간에 대한 감각과 또 다른 퍼즐 문제, 도형 맞추기, 도형 나누기에 대한 자신감도 생기게 되지요. 완성했다는 행복감보다 더 큰 자신감과 수학에 대한 흥미가 생기게 되는 것입니다.

팩토가 만드는 창의사고력 수학은 바로 이런 것입니다.

수학 문제를 한 문제 풀었을 뿐인데, 그 결과는 기대 이상으로 여러분을 행복하게 해 줍니다. 학교에서도 친구들과 다른 멋진 방법으로 문제를 해결할 수 있고, 중학생이 되어서는 더 큰 꿈을 이루는 밑거름이 되어 줄 것입니다.
물론 고민하고, 시행착오를 반복하는 것은 퍼즐을 맞추는 것과 같이 여러분들의 몫입니다. 팩토는 여러분에게 생각할 수 있는 기회를 주고, 그 과정에서 포기하지 않도록 여러분들을 도와주는 친구일 뿐입니다.
자, 그럼 시작해 볼까요? 팩토와 함께 초등학교에서 배우는 기본을 바탕으로 창의사고력 주요 테마의 각 주제를 모두 여러분의 것으로 만들어 보세요.

Ⅵ 수와 연산

수와 연산

01 소인수분해

개념학습 소인수분해

- 2, 3, 5, 7, 11, 13, 17, …과 같이 약수가 1과 자기 자신뿐인 수를 소수라고 합니다.
- 어떤 수를 소수의 곱으로 나타내는 것을 소인수분해라고 합니다.
  소인수분해는 약수나무를 이용하면 더 편리하게 할 수 있습니다. 이때, 약수나무는 어떤 수를 두 수의 곱으로 나누는 방법으로 그리는데, 소수가 나오면 더 이상 나누지 않습니다.

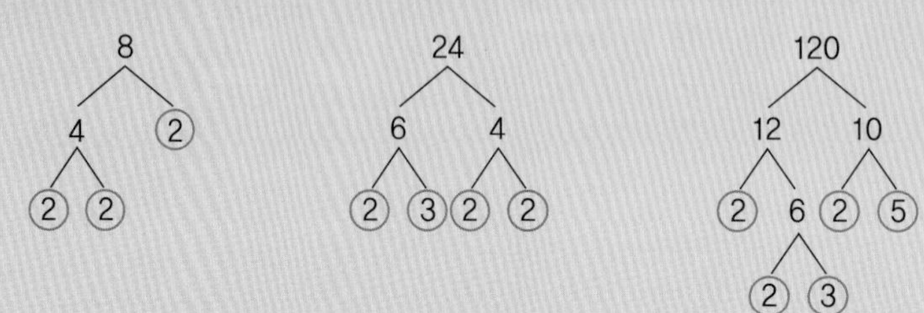

$8=2\times2\times2$　　$24=2\times2\times2\times3$　　$120=2\times2\times2\times3\times5$

예제 다음 수를 소인수분해하시오.

(1) 45　　　　(2) 360

강의노트

① 다음 빈칸에 알맞은 수를 써넣어 약수나무를 완성해 봅니다.

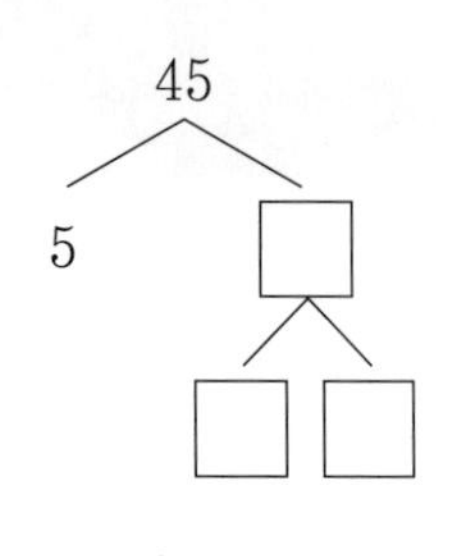

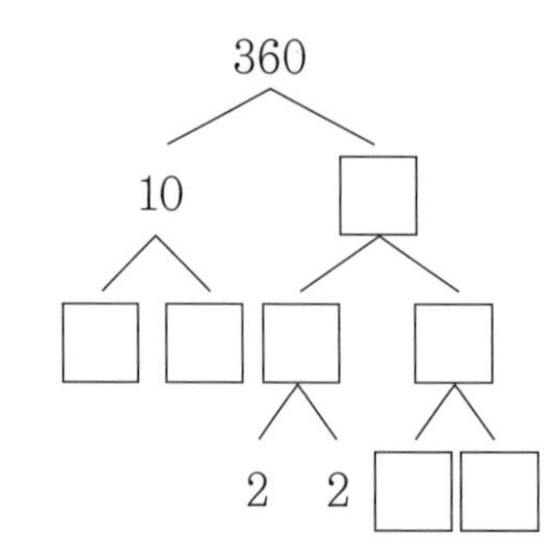

② 따라서 45와 360을 소인수분해하면

$45=\square\times\square\times5$이고, $360=2\times2\times\square\times3\times\square\times5$입니다.

개념학습 제곱수와 거듭제곱

- $1(=1\times1)$, $4(=2\times2)$, $9(=3\times3)$, $16(=4\times4)$, …과 같이 같은 수를 두 번 곱하여 나온 수를 제곱수라고 합니다.
  제곱수는 같은 수를 두 번씩 곱한 수이므로 소인수분해하면 각 소수는 짝수 번씩 곱해져 있습니다.

$$100=10\times10=\underbrace{2\times2}_{2개}\times\underbrace{5\times5}_{2개} \qquad 144=12\times12=\underbrace{2\times2\times2\times2}_{4개}\times\underbrace{3\times3}_{2개}$$

- 같은 수를 여러 개 곱할 때에는 곱해진 개수를 그 수의 오른쪽 위에 써서 거듭제곱으로 나타냅니다.

$$2\times2=2^2 \qquad 3\times3\times3\times3=3^4 \qquad 2\times5\times5=2\times5^2 \qquad 2\times2\times2\times3\times3=2^3\times3^2$$

예제 28에 어떤 수를 곱하여 제곱수를 만들 때, 어떤 수 중 가장 작은 수는 얼마입니까?

강의노트

① 28을 소인수분해하면 28=□×□×□입니다.

② 제곱수가 되기 위해서는 소인수분해했을 때 각 소수는 (홀수, 짝수)번 곱해져야 합니다.
28을 소인수분해하면 2는 2번 곱해져 있으므로 짝수 번, 7은 □번 곱해져 있으므로 (홀수, 짝수) 번 곱해져 있습니다. 여기에 □을 한 번 더 곱하면 7이 짝수 번 곱해지므로 그 결과 $28\times7=196=14\times14$가 됩니다.

③ 따라서 28에 어떤 수를 곱하여 제곱수가 되게 하는 가장 작은 수는 □입니다.

유제 135에 가능한 작은 수를 곱하여 제곱수가 되게 하려고 합니다. 어떤 수를 곱하면 됩니까?

유형 01-1 제곱수 만들기

다음 |보기|와 같이 같은 수를 두 번 곱하여 된 수를 제곱수라고 합니다.

보기

$4=2\times2$　　$9=3\times3$　　$16=4\times4$

$36\times40\times\square$를 제곱수가 되게 하는 가장 작은 수 $\square$의 값을 구하시오.

1 36과 40을 각각 소인수분해하시오.

2 36×40을 소수들의 곱으로 나타내시오.

3 제곱수가 되기 위해서는 각 소수가 짝수 번 곱해져야 합니다. **2**에서 홀수 번 곱해진 소수는 무엇입니까? 또, 그 소수를 적어도 각각 몇 번 더 곱하면 각 소수가 짝수 번 곱해집니까?

4 $36\times40\times\square$를 제곱수가 되게 하는 가장 작은 수 $\square$의 값은 얼마입니까?

확인문제

1 다음 식에 어떤 수를 곱하여 제곱수가 되게 하려고 합니다. 곱해야 하는 수 중 가장 작은 수는 얼마입니까?

$$40 \times 63 \times 100$$

Key Point

제곱수가 되기 위해서는 주어진 식을 소인수분해 했을 때 각 소수가 짝수 번 곱해져야 합니다.

2 100보다 크고 500보다 작은 제곱수는 모두 몇 개인지 구하시오.

100보다 크면서 100에 가장 가까운 제곱수는 $121=11 \times 11$입니다. 500보다 작으면서 500에 가장 가까운 제곱수는 얼마인지 찾아봅니다.

유형 01-2 연속된 0의 개수

다음 식의 계산 결과의 끝자리에 연속하여 나오는 0의 개수는 모두 몇 개입니까?

$1\times2\times3\times4\times\cdots\times100$

1 다음은 주어진 수를 소인수분해하여 2, 5의 개수와 끝자리 0의 개수를 각각 구한 것입니다. 표를 완성하시오.

수	소인수분해	2의 개수	5의 개수	끝자리 0의 개수
10	2×5	1	1	1
100	$2\times2\times5\times5$		2	
1000				
200				
250				

2 **1**의 표를 보고 2, 5의 개수와 끝자리 0의 개수 사이에는 어떤 규칙이 있는지 설명하시오.

3 1에서 100까지의 연속한 수들의 곱에서는 5가 2보다 적게 곱해집니다. 따라서 5가 몇 번 곱해져 있는지 알면 끝자리에 나오는 0의 개수를 구할 수 있습니다. 1에서 100까지의 연속하는 수 중에서 5의 배수는 모두 몇 개입니까?

4 25의 배수는 5가 2번 곱해져 있으므로 다른 5의 배수보다 5가 1개씩 더 많이 곱해집니다. 1에서 100까지의 연속한 수 중에서 25의 배수는 몇 개입니까?

5 주어진 식에서 5는 모두 몇 번 곱해집니까?

6 주어진 식의 계산 결과의 끝자리에 나오는 0의 개수는 모두 몇 개입니까?

확인문제

1 1000은 10으로 3번 나누어떨어집니다. 다음 계산 결과를 10으로 나누면 몇 번 연속하여 나누어떨어집니까?

$$2^5 \times 3^7 \times 5^{10} \times 7^6$$

Key Point

계산 결과의 끝자리에 연속하여 나오는 0의 개수만큼 10으로 나눌 수 있습니다.

2 다음 계산 결과의 끝자리에 연속하여 나오는 0의 개수는 모두 몇 개입니까?

$$10 \times 20 \times 30 \times \cdots \times 80 \times 90 \times 100$$

$10 \times 20 \times \cdots \times 90 \times 100$
$=10 \times (2 \times 10) \times (3 \times 10) \times \cdots \times (9 \times 10) \times (10 \times 10)$
주어진 식에서 10과 5가 각각 몇 번씩 곱해졌는지 알아봅니다.

창의사고력 다지기

1 다음 |보기|는 360을 소인수분해하여 거듭제곱으로 나타낸 것입니다.

보기

$360=2\times2\times2\times3\times3\times5=2^3\times3^2\times5$

주어진 수를 소인수분해하여 거듭제곱으로 나타내시오.

(1) 108

(2) 280

2 다음 두 수 중에서 일의 자리 숫자가 더 큰 수는 어느 것입니까?

2^{20} $\quad$ 7^{20}

3 다음은 준수가 공책에 쓴 식입니다. 지영이는 준수가 만든 식을 어떤 수로 나누어 제곱수를 만들려고 합니다. 이때, 나누는 가장 작은 수를 구하시오.

4 수 1320000에는 끝에 0이 4개 붙어 있습니다. 다음 식을 계산한 결과에서 끝자리에 나오는 0의 개수는 모두 몇 개입니까?

$$50\times51\times52\times\cdots\times98\times99\times100$$

02 약수

개념학습 소인수분해를 이용한 약수 구하기

약수의 개수는 소인수분해를 이용하여 간단히 구할 수 있습니다.
주어진 수를 소인수분해하여 다음과 같이 소수의 거듭제곱 형태로 나타내면 약수의 개수는 $(m+1)\times(n+1)$개입니다.

$$A^m \times B^n$$

• $18=2\times3^2$의 약수의 개수

3^2의 약수는 $(2+1)$개

2^1의 약수는 $(1+1)$개

×	1	3	3^2
1	1×1	1×3	1×3^2
2	2×1	2×3	2×3^2

18의 약수의 개수: $(1+1)\times(2+1)=6$(개)
18의 약수: 1(1×1), 2(2×1), 3(1×3), 6(2×3), 9(1×3^2), 18(2×3^2)

예제 72의 약수와 약수의 개수를 각각 구하시오.

강의노트

① 72를 소인수분해하면 $72=2\times2\times\square\times\square\times\square$입니다.

② 72를 거듭제곱으로 나타내면 $72=2^3\times3^2$입니다. 다음과 같이 2의 거듭제곱을 가로줄에, 3의 거듭제곱을 세로에 써서 거듭제곱의 곱을 이용하면 72의 약수를 빠짐없이 모두 구할 수 있습니다. 나머지 빈칸을 채워 표를 완성하시오.

×	1	2	2^2	2^3
1	$1\times1=1$	$1\times2=2$	$1\times2^2=4$	$1\times2^3=8$
3	$3\times1=3$			
3^2				

③ 72의 약수를 작은 수부터 순서대로 쓰면 1, 2, 3, 4, 6, 8, □, □, □, □, □, □이고, 약수의 개수는 모두 $(3+1)\times(2+1)=\square$(개)입니다.

유제 36의 약수는 모두 몇 개입니까?

개념학습 약수와 관련 있는 여러 가지 수

- 자신을 제외한 모든 약수의 합이 자신보다 작으면 부족수, 같으면 완전수, 크면 과잉수라고 합니다.

22 ➡ 1+2+11<22(부족수)

6 ➡ 1+2+3=6(완전수)

12 ➡ 1+2+3+4+6>12(과잉수)

- 자신을 제외한 약수들의 곱이 자신과 같은 수를 곱 완전수라고 합니다.

1×2×3=6, 1×2×4=8
└ 곱 완전수 ┘

예제 20에서 29까지의 수를 부족수, 완전수, 과잉수로 각각 분류하시오.

부족수: ______________________

완전수: ______________________

과잉수: ______________________

강의노트

① 20은 자신을 제외한 약수가 1, 2, 4, 5, 10이고, 1+2+4+5+10>20이므로 과잉수입니다. 21은 자신을 제외한 약수는 1, 3, 7이고, 1+3+7<21이므로 부족수입니다.

② ①과 같은 방법으로 다음 표를 완성해 봅니다.

수	자신을 제외한 약수	합	분류	수	자신을 제외한 약수	합	분류
20	1, 2, 4, 5, 10	22	과잉수	25			
21	1, 3, 7	11	부족수	26	1, 2, 13	16	부족수
22				27			
23				28			
24				29			

③ 따라서 20에서 29까지의 수 중에서 부족수는 21, 22, 23, 25, ☐, ☐, ☐이고, 완전수는 ☐, 과잉수는 20, ☐입니다.

유형 02-1 약수의 개수

약수의 개수가 9개인 수 중에서 가장 작은 수를 구하시오.

1 주어진 수를 소인수분해하여 $A^m \times B^n$의 형태로 나타낼 때, 약수의 개수는 $(m+1)\times(n+1)$개입니다. 9를 $(m+1)\times(n+1)$의 형태로 나타낼 때, m, n에 알맞은 수를 모두 찾으시오.

2 다음은 m=8, n=0일 때, 약수의 개수가 9개가 나오도록 표를 만들어 구하는 방법입니다. 약수의 개수가 9개인 수가 가장 작기 위해서는 A는 얼마가 되어야 합니까?

	1	A	A^2	A^3	A^4	A^5	A^6	A^7	A^8
1									

3 다음은 m=2, n=2일 때,약수의 개수가 9개가 나오도록 표를 만들어 구하는 방법입니다. 약수의 개수가 9개인 수가 가장 작기 위해서는 A와 B는 각각 얼마가 되어야 합니까?

	1	A	A^2
1			
B			
B^2			

4 약수의 개수가 9개인 수 중에서 가장 작은 수는 얼마입니까?

확인문제

1 1에서 30까지의 수 중에서 약수의 개수가 4개인 수를 모두 구하시오.

◦ Key Point

약수의 개수가 4개인 수는 다음과 같은 2가지 방법으로 찾을 수 있습니다.

① m=3, n=0인 경우

	1	A	A^2	A^3
1				

② m=1, n=1인 경우

	1	A
1		
B		

2 약수가 2개인 서로 다른 2개의 수를 더하였더니 589가 되었습니다. 두 수는 각각 무엇입니까?

약수의 개수가 2개인 수는 소수입니다. 또, 두 개의 소수를 더했을 때 홀수 589가 나오려면 홀수와 짝수를 더해야 합니다.

유형 02-2 열려 있는 사물함 찾기

교실에 1에서 50까지의 번호가 쓰여진 사물함이 50개 있는데 모두 닫혀 있습니다. 각 사물함은 번호가 1번에서 50번까지의 학생의 사물함입니다. 50명의 학생이 다음과 같은 방법으로 사물함을 열린 것은 닫고 닫힌 것은 열었다고 할 때, 열려 있는 사물함의 번호를 모두 찾아 쓰시오.

① 번호가 1번인 학생은 모든 사물함을 엽니다.
② 번호가 2번인 학생은 2의 배수 번의 사물함을 닫습니다.
③ 번호가 3번인 학생은 3의 배수 번의 사물함을 열린 것은 닫고, 닫힌 것은 엽니다.
④ 다른 학생들도 마찬가지로 자기 번호의 배수인 번호의 사물함을 열린 것은 닫고, 닫힌 것은 엽니다.

1 다음은 사물함을 열거나 닫은 학생의 번호 ①, ②, ③, …을 각 사물함 번호의 아래에 쓴 것입니다. 표를 완성하시오.

사물함 번호	1	2	3	4	5	6	7	8	9	10	…
학생 번호	①	① ②	①	① ②	①	①	①	①	①	①	…

2 **1**에서 각 번호의 사물함을 열거나 닫은 학생의 번호는 각 사물함의 번호와 어떤 관계가 있습니까?

3 1번에서 10번까지의 사물함 중에서 열려 있는 사물함의 번호는 몇 번입니까? 또, 그 번호의 약수의 개수는 홀수 개입니까? 짝수 개입니까?

4 홀수 명의 학생이 사물함을 열고 닫는 것을 반복하면 사물함은 열려 있는 상태가 됩니다. **3**에서 구한 약수의 개수가 홀수 개인 수들의 공통점을 찾아보시오.

5 1에서 50까지의 제곱수를 이용하여 열려 있는 사물함을 모두 찾으시오.

확인문제

∘ Key Point

1 고대 어느 왕국의 수도를 둘러싸고 있는 성벽에는 1번에서 100번까지의 100개의 성문이 있습니다. 매일 새벽이 되면 100명의 근위대가 일렬로 성벽을 돌며 성문에 이상이 없는지를 다음과 같은 방법으로 점검할 때, 열려 있는 성문은 모두 몇 개입니까?

- 첫째 번 근위병은 성문을 모두 다 엽니다.
- 둘째 번 근위병은 짝수째 번의 문을 닫습니다.
- 셋째 번 근위병은 3의 배수째 번의 문이 열려 있으면 닫고, 닫혀 있으면 엽니다.
- 넷째 번 근위병은 4의 배수째 번의 문이 열려 있으면 닫고, 닫혀 있으면 엽니다.
- 나머지 근위병도 이와 같은 방법으로 열려 있는 성문은 닫고, 닫혀 있는 성문은 엽니다.

열려 있는 성문의 번호는 약수의 개수가 홀수 개입니다.
약수의 개수가 홀수 개인 수는 어떤 수인지 생각해 봅니다.

2 약수의 개수가 3개인 수 중에서 가장 큰 두 자리 수는 무엇입니까?

약수의 개수가 홀수 개인 수는 제곱수입니다.

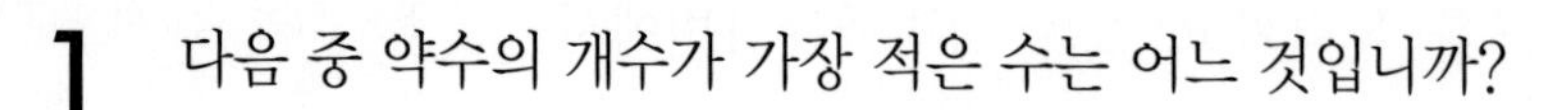

창의사고력 다지기

1 다음 중 약수의 개수가 가장 적은 수는 어느 것입니까?

① 40　　② 54　　③ 98　　④ 100　　⑤ 200

2 다음과 같이 자신을 제외한 모든 약수의 곱이 자신과 같은 수를 곱 완전수라고 합니다.

$6=1\times2\times3$

1에서 20까지의 수 중에서 6을 제외한 곱 완전수를 모두 찾아 쓰시오.

3 424나 505는 다음과 같이 0이 아닌 자신이 가지고 있는 모든 숫자로 나누어떨어집니다.

$424 \div 4 = 106$	$505 \div 5 = 101$
$424 \div 2 = 212$	

이러한 수를 약수가 보이는 수라고 합니다. 50보다 크고 100보다 작은 수 중에서 약수가 보이는 수를 모두 구하시오.

4 앞면에는 숫자가 쓰여 있고, 뒷면에는 그림이 그려진 100장의 카드를 다음과 같이 숫자면이 보이도록 일렬로 늘어놓았습니다. 1번에서 100번까지 100명의 학생이 자기 번호의 배수의 카드를 차례로 뒤집는다고 할 때, 숫자면이 보이는 카드는 모두 몇 장입니까?

1  3 4 … 98 99 100

03 이집트 분수

개념학습 이집트 분수와 단위분수

다음은 고대 이집트의 수를 나타낸 것입니다.

1	2	3	4	5	6	7	8	9	10	11	12	100	112

고대 이집트에서 분수를 나타낼 때에는 분모를 나타낸 수 위에 표시를 하여 분자가 1인 단위분수로 나타내었습니다. 단, $\frac{1}{2}$과 $\frac{2}{3}$ 두 분수는 예외입니다.

($\frac{1}{6}$) ($\frac{1}{11}$) ($\frac{1}{26}$) ($\frac{1}{2}$) ($\frac{2}{3}$)

예제 고대 이집트의 분수는 현재의 분수로, 현재의 분수는 고대 이집트 분수로 나타내시오.

(1) ➡ (2) $\frac{1}{15}$ ➡

(3) ➡ (4) $\frac{1}{36}$ ➡

강의노트

① 이 나타내는 수는 ☐이므로 는 ☐입니다.

② 15를 나타내는 이집트 수는 이므로 $\frac{1}{15}$은 ☐입니다.

③ 이 나타내는 수는 ☐이므로 는 ☐입니다.

④ 36을 나타내는 이집트 수는 이므로 $\frac{1}{36}$은 ☐입니다.

개념학습 **고대 이집트의 분배 방식**

이집트에서는 $\frac{3}{4}$을 $\frac{1}{2}+\frac{1}{4}$과 같이 단위분수의 합으로 나타내었습니다. 이것은 우리가 사용하는 분수와는 개념이 다르지만, 공평하게 나누려고 할 때 유용한 방법입니다.

예를 들어, 4명의 사람이 피자 3판을 나누어 먹는다고 할 때, [그림 1]과 같이 나눌 경우 다른 사람들은 조각나지 않은 피자를 먹지만 한 사람은 조각난 피자를 먹어야 합니다. 하지만 이집트인이 생각한 것과 같이 한 사람이 $\frac{1}{2}+\frac{1}{4}$을 먹는다고 생각하고 [그림 2]와 같이 자르면, 모든 사람들이 공평하게 먹을 수 있습니다.

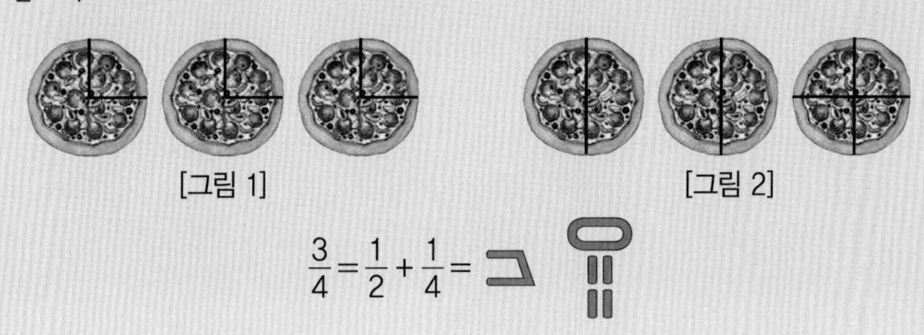

[그림 1] [그림 2]

$\frac{3}{4}=\frac{1}{2}+\frac{1}{4}=$

예제 다음은 고대 이집트의 분수를 나타낸 것입니다. 현재의 분수로 나타내어 보시오.

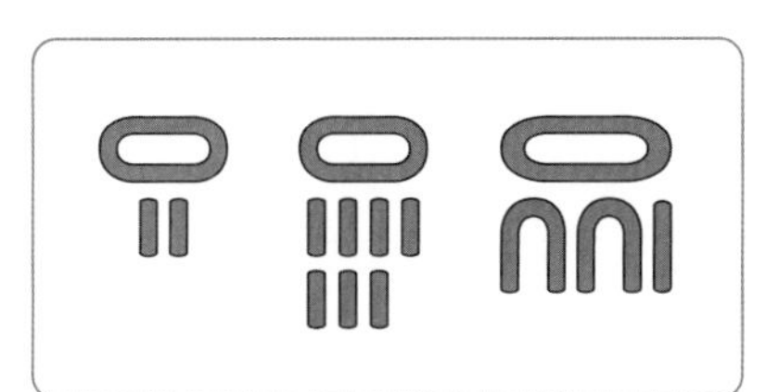

강의노트

① 이 나타내는 수는 □ 입니다.

② 이 나타내는 수는 □ 이므로 이 나타내는 수는 □ 입니다.

③ 이 나타내는 수는 □ 이므로 이 나타내는 수는 □ 입니다.

④ 따라서 이 나타내는 수는 □ + □ + □ = □ 입니다.

유형 03-1 단위분수의 합으로 나타내기

다음은 $\frac{7}{10}$을 분모의 약수를 이용하여 서로 다른 단위분수의 합으로 나타낸 것입니다.

① $\frac{7}{10}$에서 분모 10의 약수를 구합니다. ➡ 1, 2, 5, 10

② $\frac{7}{10}$에서 분자 7을 분모 10의 약수의 합으로 나타냅니다.

➡ $2+5=7$

③ 따라서 $\frac{7}{10}=\frac{2}{10}+\frac{5}{10}=\frac{1}{5}+\frac{1}{2}$입니다.

위와 같은 방법으로 $\frac{7}{9}$을 3개의 서로 다른 단위분수의 합으로 나타내어 보시오.

1 $\frac{7}{9}$은 분자 7을 분모 9의 약수인 1, 3, 9의 합으로 나타낼 수 없습니다. 다음은 $\frac{7}{9}$과 크기가 같은 분수를 나타낸 것입니다. □ 안에 알맞은 수를 써넣으시오.

$$\frac{7}{9}=\frac{\square}{18}=\frac{21}{\square}$$

2 **1** 에서 구한 분수 중에서 분자를 분모의 약수의 합으로 나타낼 수 있는 분수를 쓰시오.

3 **2** 에서 구한 분수를 이용하여 $\frac{7}{9}$을 3개의 서로 다른 단위분수의 합으로 나타내시오.

Key Point

1

다음에서 나는 누구입니까?

> 나는 호떡 7개를 12명이 나누어 먹을 때의 각자의 몫에서 1개의 호떡을 12명이 나누어 먹을 때의 각자의 몫을 뺀 값과 같습니다.

① ② ③ ④

먼저 현재의 분수식으로 나타내어 계산한 후, 계산 결과를 고대의 이집트 분수로 나타내어 봅니다.

2

다음은 18의 약수를 이용하여 1을 서로 다른 단위분수의 합으로 나타낸 것입니다.

> ① 18의 약수 중 자기 자신을 제외한 약수를 구합니다.
> ➡ 1, 2, 3, 6, 9
> ② 분모의 약수들 중에서 합이 18이 되는 약수를 고릅니다.
> ➡ 3+6+9, 1+2+6+9
> ③ 따라서 $1=\frac{18}{18}=\frac{3+6+9}{18}=\frac{3}{18}+\frac{6}{18}+\frac{9}{18}=\frac{1}{6}+\frac{1}{3}+\frac{1}{2}$,
> $1=\frac{1+2+6+9}{18}=\frac{1}{18}+\frac{2}{18}+\frac{6}{18}+\frac{9}{18}=\frac{1}{18}+\frac{1}{9}+\frac{1}{3}+\frac{1}{2}$
> 입니다.

위와 같은 방법으로 12의 약수를 이용하여 1을 서로 다른 단위분수의 합으로 나타내어 보시오.

12의 약수 중에서 합이 12가 되는 경우를 찾습니다.

유형 03-2 피보나치의 '탐욕스런 절차'

중세 이탈리아의 수학자 피보나치는 단위분수를 찾을 때마다 가장 큰 단위분수를 택하는 방법인 '탐욕스런 절차 (greedy procedure)' 에 따라 다음과 같은 방법으로 $\frac{7}{8}$을 단위분수의 합으로 나타내었습니다.

> ① $\frac{7}{8}$을 넘지 않는 가장 큰 단위분수를 찾으면 $\frac{7}{8} > \frac{1}{2}$이므로 $\frac{1}{2}$입니다.
>
> ② $\frac{7}{8} = \frac{1}{2} + \frac{3}{8}$이고, $\frac{3}{8}$을 넘지 않는 가장 큰 단위분수를 찾으면 $\frac{1}{3} < \frac{3}{8} < \frac{1}{2}$이므로 $\frac{1}{3}$입니다.
>
> ③ 따라서 $\frac{7}{8} = \frac{1}{2} + \frac{1}{3} + \frac{1}{24}$입니다.

$\frac{8}{9}$을 '탐욕스런 절차' 를 이용해서 서로 다른 단위분수의 합으로 나타내시오.

1 $\frac{8}{9}$을 넘지 않는 가장 큰 단위분수가 $\frac{1}{2}$이므로 $\frac{8}{9} = \frac{1}{2} + \frac{7}{18}$로 나타낼 수 있습니다. $\frac{7}{18}$을 넘지 않는 가장 큰 단위분수를 찾으시오.

2 $\frac{8}{9}$을 서로 다른 단위분수의 합으로 나타내시오.

3 위와 같은 방법으로 $\frac{17}{18}$을 서로 다른 단위분수의 합으로 나타내시오.

1 다음 핫산의 말을 보고, 두 사람이 먹은 초콜릿의 양은 얼마인지 구하시오.

> 나는 냉장고에 들어 있던 초콜릿의 ㄱ 만큼을 먹었고, 남은 초콜릿의 만큼을 동생이 먹었다. 그렇다면 우리는 전체의 얼마만큼의 초콜릿을 먹은 것일까?

① $\frac{11}{24}$ ② $\frac{7}{12}$ ③ $\frac{13}{24}$ ④ $\frac{5}{12}$

◦ Key Point

고대 이집트 분수를 현재의 분수로 바꾸어 계산해 봅니다.

2 $\frac{11}{12}$을 피보나치의 '탐욕스런 절차'를 이용해서 서로 다른 3개의 단위분수의 합으로 나타내어 보시오.

주어진 분수의 크기를 넘지 않는 가장 큰 단위분수로 하나씩 나누어 구합니다.

창의사고력 다지기

1 다음 고대 이집트 분수를 현재의 분수로 나타내어 보시오.

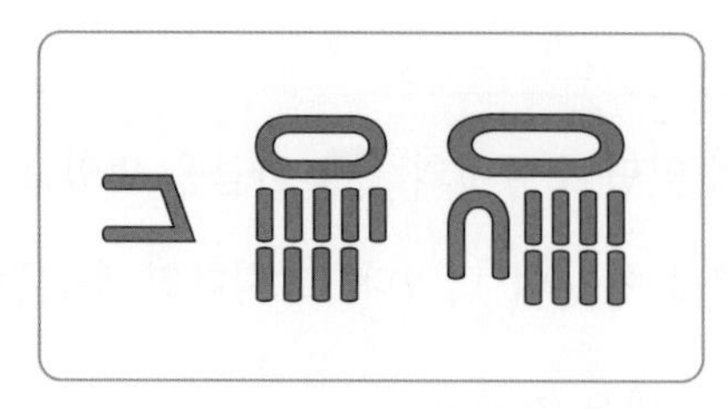

2 24의 약수를 이용하여 1을 서로 다른 단위분수의 합으로 나타낸 것입니다. □ 안에 알맞은 수를 작은 순서대로 써넣으시오.

$$1=\frac{1}{\square}+\frac{1}{\square}+\frac{1}{\square}+\frac{1}{12}$$

3 $\frac{17}{24}$을 최소 개수의 서로 다른 단위 분수의 합으로 나타내어 보시오.

4 8명이 7개의 빵을 공평하게 나누어 가지는 방법을 이집트 분수를 이용하여 해결하고, 그 방법을 그림으로 설명하시오.

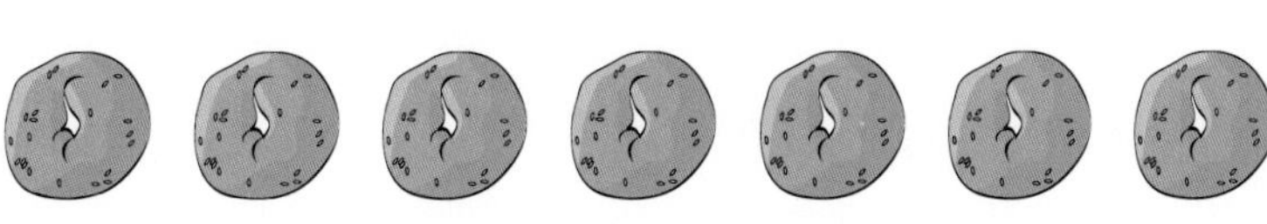
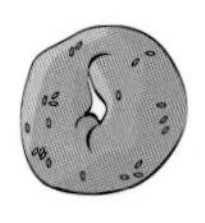
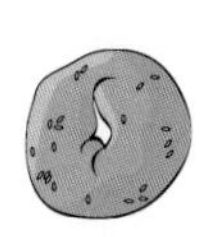

Memo

Ⅶ 언어와 논리

언어와 논리

04 서랍원리

개념학습 도형 속의 비둘기집

- (□+1)마리의 비둘기가 □개의 비둘기집에 들어간다고 할 때, 적어도 하나의 집에는 2마리의 비둘기가 들어갑니다. 이것을 비둘기집의 원리(pigeonhole principle)라고 합니다.
- 그림과 같이 정삼각형을 4개의 작은 정삼각형으로 나누고 내부에 5개의 점을 찍을 때, 4개의 작은 정삼각형 중 적어도 2개의 점이 찍힌 정삼각형이 반드시 존재합니다.

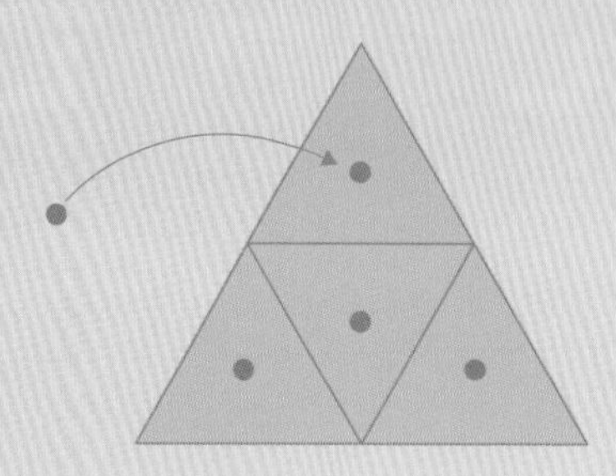

예제 다음과 같이 한 변의 길이가 5m인 정삼각형 6개를 이어 붙인 모양의 방이 있습니다. 이 방의 바닥에 지하 통로로 연결되는 7개의 문을 만들 때, 거리가 5m보다 가까운 2개의 문이 반드시 있게 됩니까?

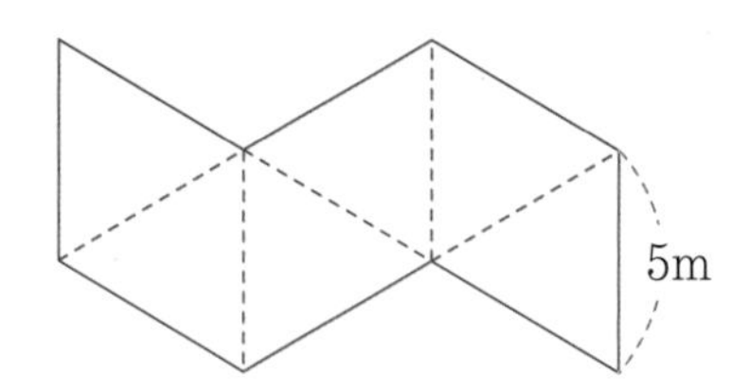

강의노트

① 오른쪽 그림과 같이 방을 □개의 정삼각형으로 나눈 다음, 각각의 정삼각형 안에 문을 1개씩 만들면 모두 □개의 문을 만들 수 있습니다.

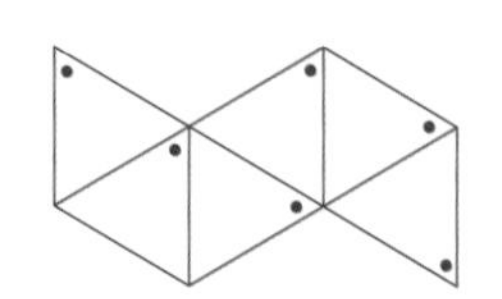

② 여기에 1개의 문을 더 만들면 □개의 문이 있는 정삼각형이 반드시 1개는 생깁니다. 이때, 2개의 문 사이의 거리는 정삼각형의 한 변의 길이인 □m보다 가깝습니다.

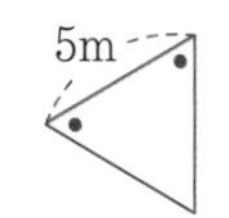

③ 따라서 거리가 □m보다 가까운 2개의 문이 반드시 있게 됩니다.

개념학습 잠긴 문 열기

그림과 같이 3개의 잠겨 있는 문과 모양을 구분할 수 없는 3개의 열쇠가 있을 때, ①번 문부터 시작하여 차례대로 3개의 문을 모두 열기 위해서 열어 보아야 하는 횟수는 다음과 같이 두 가지 경우로 나누어 봅니다.

- 가장 운이 좋은 경우는 한 번에 한 개씩 문이 열리는 경우로 1+1+1=3(번) 열어 보면 됩니다.
- 반대로 가장 운이 나쁜 경우는 각각의 문을 열 때 마지막에 열리는 경우로, ①번 문을 3번 열어 보고, ②번 문을 2번, ③번 문을 1번 열어 본 경우입니다. 이 경우에는 모두 3+2+1=6(번) 열어 보아야 3개의 문을 모두 열 수 있습니다.

따라서 3개의 문을 모두 열기 위해서는 적어도 6번은 열어 보아야 합니다.

예제 5개의 서랍이 잠겨 있습니다. 어느 서랍의 열쇠인지 구분을 할 수 없는 5개의 열쇠로 5개의 서랍과 열쇠의 짝을 맞추기 위해서는 적어도 몇 번 열어 보아야 합니까?

강의노트

① 첫째 번 서랍의 열쇠를 찾기 위해서 열쇠를 1개씩 차례대로 사용합니다. 5개의 열쇠 중 4개로 모두 열리지 않았을 때 서랍은 마지막 열쇠와 짝이 맞으므로 적어도 □번 열어 보아야 합니다.

② 둘째 번 서랍의 열쇠를 찾기 위해서 나머지 4개의 열쇠를 차례대로 사용합니다. 이 경우에도 같은 방법으로 3개의 열쇠로 모두 열리지 않았을 때 서랍은 마지막 열쇠와 짝이 맞으므로 적어도 □번 열어 보아야 합니다.

③ 같은 방법으로 셋째 번 서랍의 열쇠를 찾기 위해서는 □번, 넷째 번 서랍의 열쇠를 찾기 위해서는 □번 열어 보아야 합니다. 마지막으로 남은 서랍은 이미 열쇠와 짝이 맞추어진 것이므로 열어 볼 필요가 없습니다.

④ 따라서 5개의 서랍과 열쇠의 짝을 맞추기 위해서는 적어도 4+3+2+1=□(번) 열어 보아야 합니다.

유제 'ㅁ', 'ㅓ', 'ㄱ', 'ㅂ', 'ㅗ'가 새겨진 5개의 도장이 섞여 있습니다. 유정이가 도장의 아랫면을 보지 않고 도장의 순서를 'ㅁ', 'ㅓ', 'ㄱ', 'ㅂ', 'ㅗ'로 맞추기 위해서는 도장을 적어도 몇 번 찍어 보아야 합니까?

유형 04-1 필요한 카드 뽑기

1에서 30까지의 수가 적힌 카드가 30장 있습니다. 수현이가 2장의 카드를 뽑을 때, 두 장의 카드에 적힌 수의 차가 18인 카드를 뽑으려면 적어도 몇 장의 카드를 뽑아야 합니까?

1 2 3 4 5 … 27 28 29 30

1 30장의 카드 중에서 차가 18인 카드의 쌍을 구하시오.

(1 , 19) (,) (,) (,) (,) (,)
(,) (,) (,) (,) (,) (,)

2 차가 18인 카드의 쌍을 만들 수 없는 카드를 찾아 ×표 하시오.

1 2 3 4 5 6 7 8 9 10 11 12 13 14 15

16 17 18 19 20 21 22 23 24 25 26 27 28 29 30

3 차가 18인 카드의 쌍을 만들 수 있는 24장의 카드 중에서 두 장의 카드에 적힌 수의 차가 18인 카드를 뽑으려면 적어도 몇 장의 카드를 뽑아야 합니까?

4 1에서 30까지의 수가 적힌 30장의 카드에서 두 장의 카드에 적힌 수의 차가 18인 카드를 뽑으려면 적어도 몇 장의 카드를 뽑아야 합니까?

확인문제

◦ Key Point

먼저 울타리 안을 크기가 같은 9개의 칸으로 나누어 봅니다.

1 대각선의 길이가 15m인 정사각형 모양의 울타리 안에 양이 10마리 있습니다. 다음 중 항상 옳은 설명은 어느 것입니까?

가. 거리가 5m보다 가까운 두 마리의 양이 반드시 있습니다.
나. 거리가 5m인 두 마리의 양이 반드시 있습니다.
다. 거리가 5m보다 먼 두 마리의 양이 반드시 있습니다.

번호의 차가 12인 경우와 아닌 경우로 나누어 봅니다.

2 20명의 학생들이 1번부터 20번까지의 번호가 적힌 카드를 1장씩 나누어 받았습니다. 번호의 차가 12인 두 사람을 술래로 정한다고 할 때, 술래를 정하기 위해서는 적어도 몇 명을 뽑아야 합니까?

유형 04-2 얻어야 할 득표 수

대진이네 반에서 반장 선거를 하는데, 세 명의 후보가 현재까지 얻은 득표 수는 다음과 같습니다.

후보	기주	연희	재호
득표 수	10	16	7

득표 수가 가장 많은 사람이 반장이 된다고 할 때, 현재 1위인 연희가 남은 표에서 최소 몇 표를 더 얻으면 반드시 반장으로 당선될 수 있습니까? (단, 투표를 한 사람은 50명이고 무효표는 없다고 합니다.)

1 아직 개표되지 않은 표는 몇 표입니까?

2 연희가 반드시 당선이 되려면 가장 불리한 경우에도 당선이 되어야 합니다. 개표되지 않은 표 중에서 연희가 얻지 못하는 표를 기주와 재호가 어떻게 얻는 것이 연희에게 가장 불리합니까?

3 가장 불리한 경우에도 연희가 당선이 되려면 지금보다 몇 표를 더 얻어야 합니까?

확인문제

Key Point

1 10대의 자동차가 있습니다. 또치가 각각의 자동차에 맞는 열쇠 10개를 가지고 모든 자동차 문을 열려고 합니다. 10개의 자동차 문을 모두 열려면 적어도 몇 번을 열어 보아야 합니까?

가장 운이 나쁜 경우에 첫째 번 자동차 문을 열기 위해서는 10번 열어 보아야 합니다.

2 준구네 학교 회장 선거에 민식, 호진, 태성이가 출마했습니다. 개표가 끝나지 않은 현재까지 얻은 득표 수는 다음과 같습니다.

후보	민식	호진	태성
득표 수	14	17	11

득표 수가 가장 많은 사람이 회장이 된다고 할 때, 현재 3위인 태성이가 남은 표에서 최소 몇 표를 더 얻으면 당선이 확정됩니까? (단, 투표를 한 사람은 55명이고 무효표는 2표입니다.)

가장 운이 나쁜 경우는 현재 1위인 호진이와 태성이가 남은 표를 나누어 가지는 것입니다.

창의사고력 다지기

1 영훈이가 9개의 주머니에 19개의 구슬을 모두 담으려고 합니다. 이때 적어도 하나의 주머니에는 반드시 몇 개 이상의 구슬이 들어갑니까?

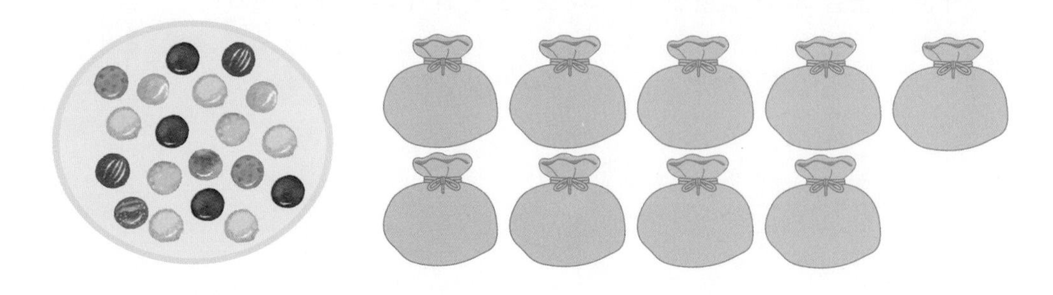

2 금은보화가 들어 있는 8개의 보물 상자와 10개의 열쇠가 있습니다. 10개의 열쇠 중에서 2개는 어떤 상자와도 맞지 않는 열쇠라고 합니다. 알라딘이 보물 상자를 열기 위해서는 적어도 몇 번을 열어 보아야 합니까?

3 다음 연속된 15개의 홀수에서 합이 30인 두 수를 반드시 뽑으려면 적어도 몇 개의 수를 뽑아야 합니까?

1, 3, 5, 7, 9, ⋯ , 27, 29

4 경수네 학교 6학년 청소 부장 1명을 뽑는데, 후보가 4명 나왔습니다. 현재까지 갑, 을, 병, 정 4명의 후보는 각각 27표, 17표, 10표, 6표를 얻었습니다. 병 후보의 당선이 확정되려면 최소 몇 표를 더 얻어야 합니까? (단, 100명이 투표를 하였고, 무효표는 없습니다.)

05 강 건너기, 모자 색 맞히기

개념학습 강 건너기

여러 사람이 한 사람 또는 두 사람만 탈 수 있는 배를 타고 모두 강을 건너려고 합니다.
배를 타고 강을 건너는 데 걸리는 시간은 각자 다르고, 두 사람이 배를 탈 때는 오래 걸리는 사람의 시간만큼 걸린다고 할 때, 가장 빨리 강을 건널 수 있는 방법은 빨리 움직이는 사람이 강을 여러 번 오고 가는 것입니다.

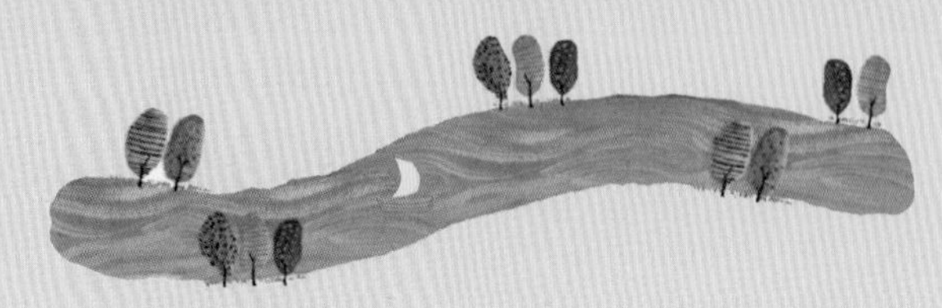

예제 두 사람까지 탈 수 있는 배를 이용하여 세 사람이 강을 건너려고 합니다. 배를 탈 때 걸리는 시간이 다음과 같을 때, 강을 건너는 데 걸리는 최소한의 시간은 몇 분입니까?

- A, B, C 세 사람이 혼자 배를 움직여 강을 건너가는 데 각각 10분, 15분, 20분이 걸립니다.
- 두 사람이 함께 탈 때는 더 오래 걸리는 사람의 시간만큼 걸립니다.
- 강을 오고 가려면 반드시 한 명은 타야 합니다.

강의노트

① A, B, C 중 가장 빨리 가는 사람은 ☐이므로 강을 여러 번 오고 가야 하는 사람은 ☐입니다.

② 세 사람 모두 가장 빨리 강을 건너는 방법은

㉠ A와 B가 함께 강을 건넙니다. → 15분
㉡ A 혼자서 돌아옵니다. → ☐분
㉢ A와 C가 함께 강을 건넙니다. → ☐분

③ 따라서 강을 건너는 데 걸리는 최소한의 시간은 ☐분입니다.

개념학습 **모자 색 맞히기**

논리추리의 가장 어려운 문제 중의 하나는 자기가 쓴 모자의 색을 알아맞히는 문제입니다. 자신이 쓴 모자를 다른 사람은 볼 수 있지만 자신은 볼 수 없습니다. 그렇기 때문에 주어진 조건을 잘 따져 보는 것뿐만 아니라 상대방의 반응까지 파악해야 문제를 해결할 수 있습니다.

예제 어느 마을 사또가 죄수 3명에게 검은색 모자 1개와 흰색 모자 3개를 보여 준 다음, 자기 모자의 색깔을 알아맞히는 사람은 석방시킨다고 하면서 세 사람 모두에게 흰 모자를 씌웠습니다.
물론 자기가 쓴 모자는 볼 수 없고 상대방이 쓴 모자는 볼 수 있습니다. 한참을 서로 쳐다보기만 하다가 갑자기 한 죄수가 자기는 흰 모자를 쓰고 있다고 말했습니다. 이 죄수가 어떻게 알아맞혔는지 알아보시오.

강의노트

① 죄수 3명을 A, B, C라고 생각합니다.

② A가 B, C를 보았을 때: B, C는 모두 [   ] 모자를 쓰고 있습니다.

➡ 자신의 모자 색깔이 흰색인지 검은색인지 알 수 없으므로 가만히 있습니다.

③ B가 A, C를 보았을 때: C, A는 모두 [   ] 모자를 쓰고 있습니다.

➡ 마찬가지로 자신의 모자 색깔을 알 수 없으므로 가만히 있습니다.

④ C가 A, B를 보았을 때: A, B 두 사람이 자신의 모자 색을 정확하게 말하지 못한 것은 자신을 제외한 다른 두 사람의 모자 색이 모두 [   ]이기 때문입니다.

따라서 C는 자신의 모자 색이 [   ]이란 것을 알 수 있습니다.

유형 05-1 움직이는 데 걸리는 최소 시간

A 동네에 사는 6명이 B 동네에서 열리는 잔치에 참가하려고 합니다. 최대 2명까지만 탈 수 있는 마차로 움직이고, 가, 나, 다, 라, 마, 바 6명의 사람이 이동하는 데 걸리는 시간은 각각 1분, 2분, 7분, 11분, 14분, 21분입니다. |보기|와 같은 방법으로 이동 시간이 걸릴 때, 6명이 모두 이동하는 데 걸리는 시간은 최소 몇 분입니까?

보기
- 1분 걸리는 가가 혼자 이동할 때 걸리는 시간: 1분
- 1분 걸리는 가와 7분 걸리는 다가 함께 이동할 때 걸리는 시간: 7분

1 1명은 반드시 돌아와야 하므로 이동 시간이 가장 적게 걸리는 두 사람이 가장 먼저 이동하는 것이 좋습니다. 가장 먼저 이동해야 하는 두 사람은 누구입니까?

2 최소의 시간으로 이동하기 위해서는 이동 시간이 짧은 가와 나가 혼자서 이동해야 합니다. □ 안을 알맞게 채우시오.

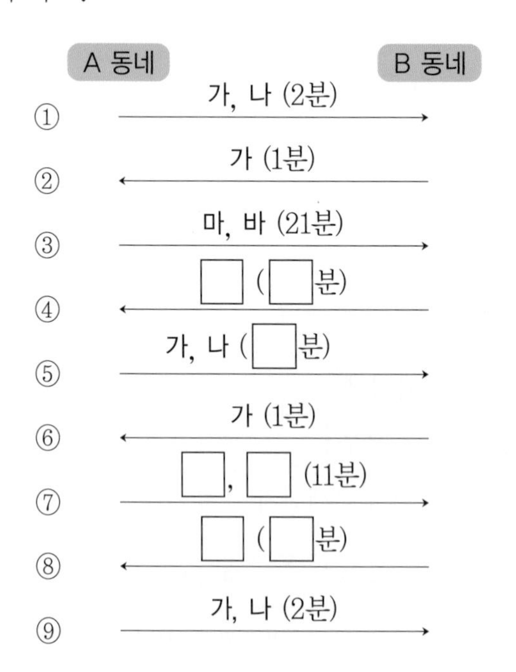

3 6명이 모두 이동하는 데 걸리는 시간은 최소 몇 분입니까?

확인문제

Key Point

1 아빠, 엄마, 아들, 딸이 자동차를 타고 가다 기름이 없어서 자동차가 멈췄습니다. 마침 자동차 트렁크에 자전거 1대가 있어서 이 자전거를 타고 주유소까지 네 명의 식구가 이동하려고 합니다. 자전거는 최대 2명까지 탈 수 있고, 몸무게의 합이 90kg을 넘으면 자전거가 고장이 난다고 합니다. 아빠, 엄마, 아들, 딸의 몸무게가 각각 68kg, 47kg, 42kg, 39kg일 때, 최소 몇 번을 움직여야 합니까? (단, 자전거에 여자끼리는 탈 수 없습니다.)

딸과 아빠는 몸무게의 합이 90kg이 넘으므로 함께 탈 수 없습니다.

2 어느 탐험가가 길이가 7km인 사막을 지난다고 합니다. 탐험가가 하루에 걸을 수 있는 거리는 1km이고, 하루에 반드시 1병의 물을 마셔야 합니다. 물은 출발하는 마을에서 최대 5병까지만 가져갈 수 있습니다. 탐험가가 사막을 지나려면 적어도 며칠이 걸리겠습니까?

물병을 사막에 놓고 다시 찾아가는 방법을 이용합니다.

유형 O5-2 모자의 색

노란 모자 2개, 빨간 모자 2개, 파란 모자 3개를 경주, 민성, 희정, 준서, 성수에게 눈을 감고 각각 하나씩 쓰게 한 다음, 남은 모자는 서랍에 넣었습니다. 앞에서부터 5명을 경주, 민성, 희정, 준서, 성수 순서로 한 줄로 세웠고, 각각 앞에 서 있는 사람들의 모자 색깔만 알 수 있다고 합니다. 다음을 보고, 성수의 모자는 무슨 색깔인지 알아보시오.

경주: 민성아, 너는 네가 쓴 모자의 색깔을 알 수 있어?
민성: 아니, 모르겠어. 노란 모자가 보이기는 해.
경주: 그럼, 준서 너는 알 수 있어?
준서: 노란 모자와 빨간 모자만 보이는데, 내 모자 색깔은 모르겠어.
경주: 성수야, 너는 네가 쓴 모자의 색깔을 알 수 있어?
성수: 난 알 수 있어.

1 민성이의 말에서 경주의 모자 색깔은 무슨 색입니까?

2 준서의 말에서 경주, 민성, 희정이가 쓰고 있는 모자의 색깔이 될 수 없는 것은 어느 색입니까?

3 성수의 모자 색깔은 무슨 색깔입니까?

확인문제

Key Point

C는 세 가지 색깔의 모자가 모두 보이므로 가장 뒤에 있습니다.

1 A, B, C, D 네 사람이 파란색, 빨간색, 노란색 모자 중 하나를 쓰고 앞을 보고 세로로 길게 앉아 있습니다. 자기 앞에 앉은 사람의 모자만 볼 수 있다고 할 때, D가 쓴 모자는 무슨 색깔입니까?

A: 나는 파란색 모자가 보입니다.
B: 내 뒤에 A가 있습니다.
C: 파란색, 빨간색, 노란색 모자가 보입니다.
D: 파란색, 노란색 모자가 보입니다.

한라를 제외한 나머지 세 명이 모두 자신의 모자 색을 알 수 없으려면 노란 모자 1개, 빨간 모자 2개가 보여야 합니다.

2 노란 모자 2개, 빨간 모자 3개를 한라, 진구, 영수, 태욱 네 명이 눈을 감고 하나씩 쓴 뒤 남은 모자는 옷장에 넣었습니다. 그림과 같은 통로에서 한라는 눈을 감고 있고, 나머지 3명은 통로를 통해 서로를 볼 수 있다고 합니다. 다음을 보고, 한라의 모자 색깔을 알아보시오.

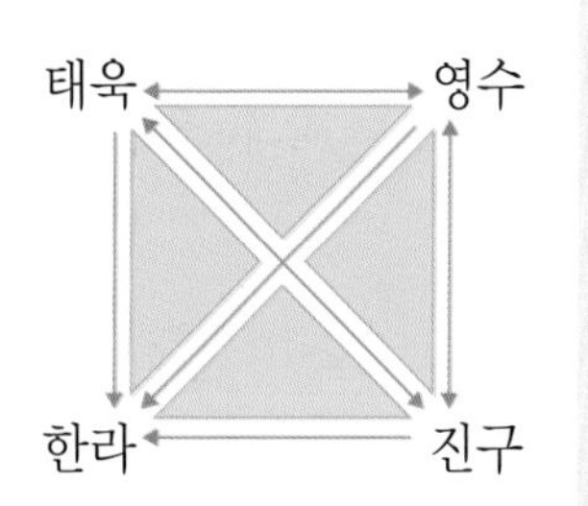

한라: 태욱아, 네가 쓴 모자의 색깔을 알 수 있어?
태욱: 아니, 모르겠어.
한라: 영수야, 너의 모자 색깔을 알 수 있니?
영수: 나도 모르겠네.
한라: 그럼, 진구는 어때?
진구: 에...나도 잘 모르겠어.
한라: 아하~ 그럼 나는 알겠다.

창의사고력 다지기

1 가 마을에 있는 수의사가 고양이, 쥐, 치즈를 가지고 나 마을로 가고 있었습니다. 가는 길에 큰 강이 있어서 조그마한 배를 타고 움직여야 합니다. 그런데 이 배는 너무 작아서 수의사가 고양이, 쥐, 치즈 중에서 어느 하나씩만 실어 나를 수 있습니다. 고양이와 쥐를 놓아 두면 고양이가 쥐를 잡아먹고, 쥐와 치즈를 놓아 두면 쥐가 치즈를 먹습니다. 수의사는 어떻게 강을 건너야 합니까?

2 호떡 장수가 손님에게 호떡을 팝니다. 호떡은 앞, 뒤로 2개의 면이 있고 한 면을 굽는 데 2분이 걸립니다. 호떡은 동시에 2장까지 구울 수 있다고 할 때, 5장의 호떡을 가장 빠른 시간 안에 구우려면 최소 몇 분이 걸립니까?

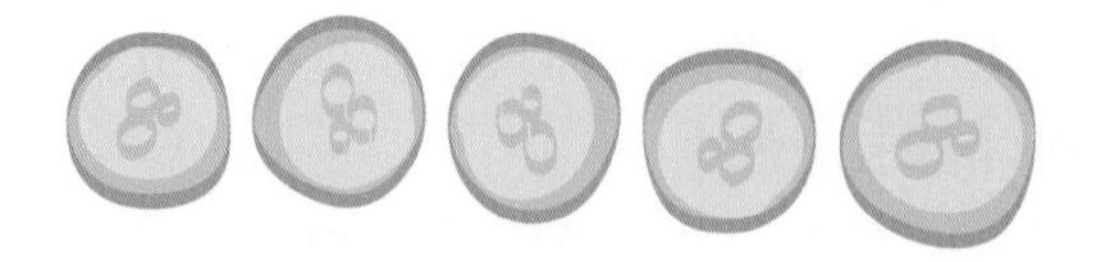

3 가, 나, 다, 라, 마 다섯 명이 그림과 같이 순서를 모른 체 앞만 보고 서 있습니다. 다섯 명 모두 빨간 모자, 파란 모자, 노란 모자 중 하나를 쓰고 있다고 할 때, 마가 쓴 모자는 무슨 색깔입니까?

가: 난 빨간 모자만 보입니다.
나: 나의 바로 뒤에는 라가 서 있습니다.
다: 세 가지 색깔의 모자가 다 보입니다.
라: 저도 빨간 모자만 보입니다.
마: 파란 모자만 보이지 않습니다.

앞  뒤

4 네 사람이 밤에 운동장의 A 지점에서 B 지점까지 이동하는 데 각각 1, 2, 5, 8분이 걸립니다. 최대 2명이 함께 이동할 수 있고, 2명이 같이 이동할 때 걸리는 시간은 오래 걸리는 사람의 시간만큼 걸린다고 합니다. 이때, 손전등이 하나밖에 없어서 2명 중 1명은 돌아와야 한다면, A 지점에 있던 네 사람이 모두 B 지점으로 이동하는 데 걸리는 시간은 최소 몇 분입니까?

06 포함과 배제

개념학습 벤 다이어그램

복잡한 문제를 그림으로 그려 나타내면 편리하게 문제를 해결할 수 있습니다.
다음은 서로 다른 조건의 포함관계를 그림으로 나타낸 것입니다.

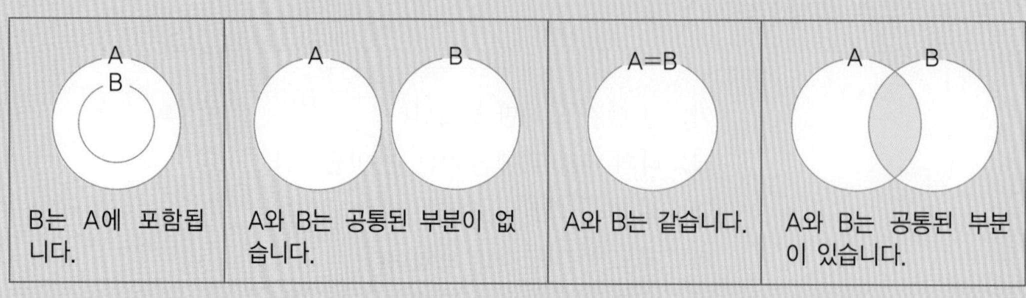

이와 같은 그림을 벤 다이어그램이라고 하는데, 1880년 영국의 수학자 벤에 의하여 소개되어 그의 이름을 따서 붙여진 이름입니다. 벤은 많은 사람들이 어렵게 여기는 논리와 같은 추상적인 수학을 벤 다이어그램을 그려서 알기 쉽게 구체화시켰습니다.

예제 다음 그림을 보고 알 수 있는 사실을 가능한 한 많이 쓰시오.

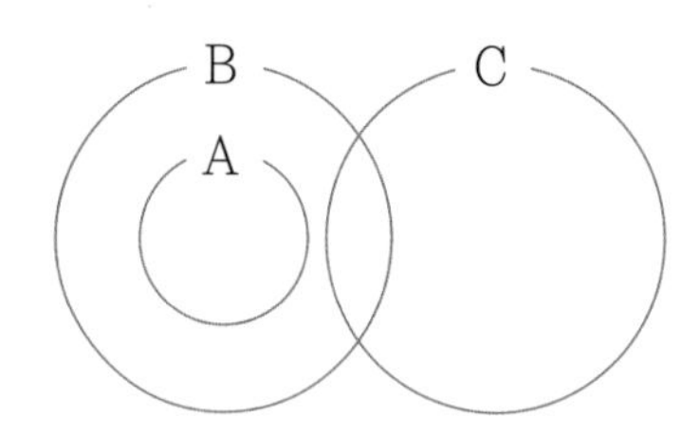

강의노트

① A는 모두 ☐에 포함됩니다. 따라서 A이면 B입니다.

② A와 ☐는 공통된 부분이 없습니다. 따라서 A이면 C가 아닙니다.

③ ☐와 C 는 공통된 부분이 있습니다. 이 공통된 부분은 ☐에 포함되지 않습니다.

유제 오른쪽 그림을 보고, 다음 중 옳지 않은 것을 고르시오.

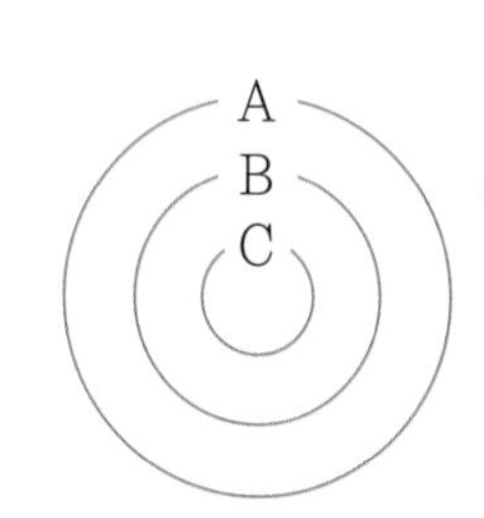

① C는 B에도 A에도 포함됩니다.
② B는 A에 포함됩니다.
③ C이면 A입니다.
④ B가 아니면 A도 아닙니다.
⑤ A와 C의 공통된 부분은 B에 포함됩니다.

개념학습 **최대 · 최소 구하기**

8명의 학생 중 수학을 좋아하는 학생이 6명, 과학을 좋아하는 학생이 4명입니다. 이때, 두 과목을 모두 좋아하는 학생의 수가 최대인 경우와 최소인 경우는 다음과 같이 구할 수 있습니다.

① 두 과목을 모두 좋아하는 학생의 수가 최대일 때는 과학을 좋아하는 학생이 모두 수학을 좋아하는 경우입니다.

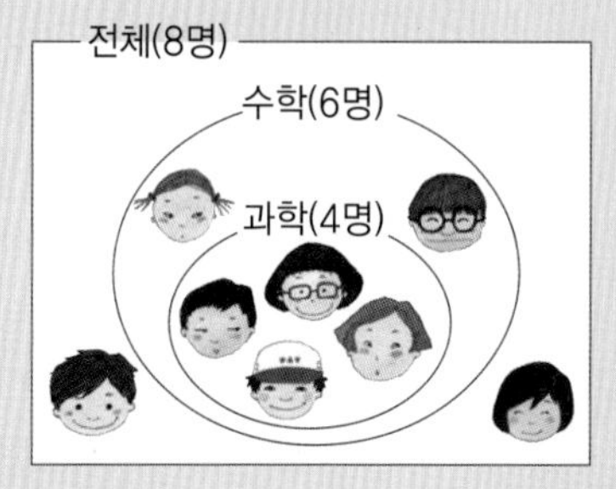

② 두 과목을 모두 좋아하는 학생의 수가 최소일 때는 수학과 과학을 모두 좋아하지 않는 학생이 0명일 때입니다.

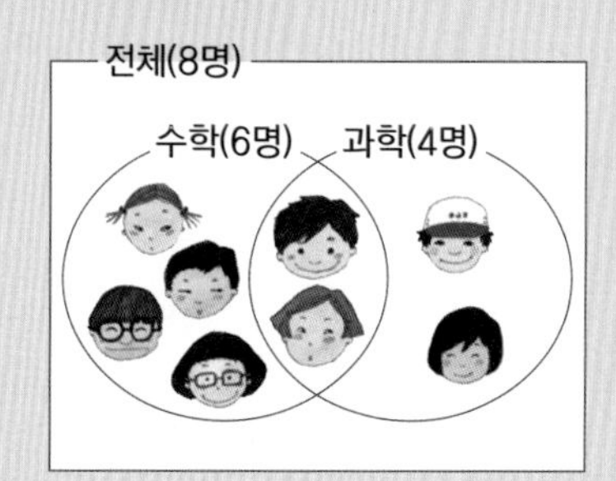

따라서 위와 같은 경우 두 과목을 모두 좋아하는 학생은 최대 4명, 최소 2명입니다.

예제 현수네 반 학생 30명 중에서 강아지를 키우는 사람이 20명, 고양이를 키우는 사람이 15명입니다. 강아지와 고양이를 둘 다 키우는 사람은 최대 몇 명, 최소 몇 명입니까?

강의노트

① 강아지와 고양이를 둘 다 키우는 학생의 수가 최대인 경우는 오른쪽 그림과 같이 고양이를 키우는 학생이 모두 ☐를 키우는 경우입니다. 따라서 강아지와 고양이를 둘 다 키우는 학생은 최대 ☐명입니다.

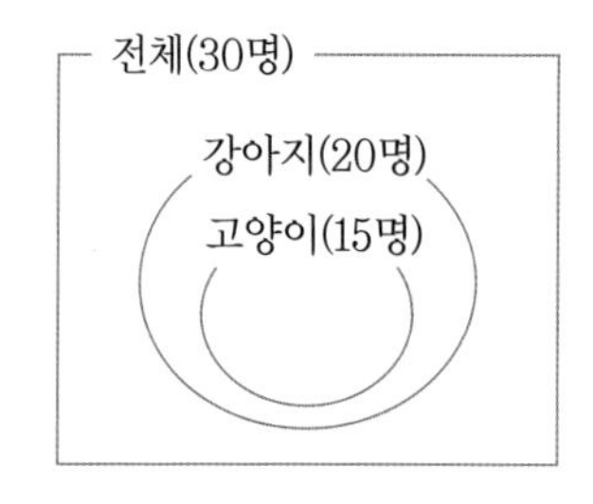

② 강아지와 고양이를 둘 다 키우는 학생의 수가 최소인 경우는 강아지와 고양이를 둘 다 키우지 않는 학생이 ☐명일 때입니다.

따라서 이와 같은 경우, (강아지와 고양이를 둘 다 키우는 학생 수)

=(강아지를 키우는 학생 수)+(고양이를 키우는 학생 수)−(전체 학생 수)

=20+☐−☐=☐(명)이므로

강아지와 고양이를 둘 다 키우는 학생은 최소 ☐명입니다.

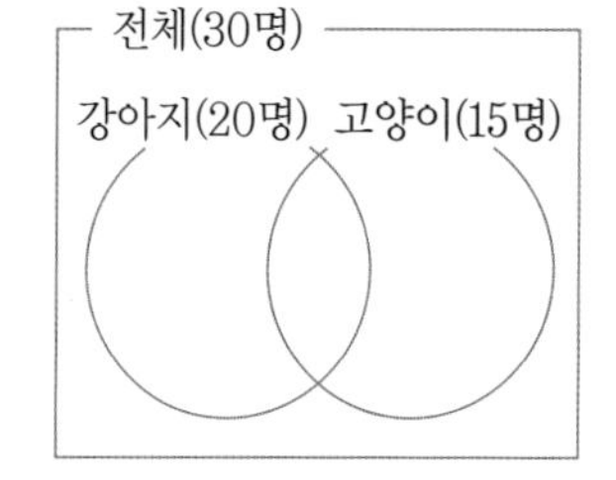

유형 06-1 논리적 벤 다이어그램

다음 사실을 보고, 주어진 문장 중 확실하게 옳은 것은 ○표, 그렇지 않은 것은 ×표 하시오.

- 사과를 좋아하는 사람은 배를 좋아합니다.
- 토마토를 좋아하는 사람은 사과를 좋아하지 않습니다.
- 토마토를 좋아하는 사람 중에는 배를 좋아하는 사람도 있지만 좋아하지 않는 사람도 있습니다.

(1) 토마토를 좋아하는 사람 중에는 배를 좋아하는 사람도 있습니다. (　　)

(2) 사과와 배를 둘 다 좋아하는 사람은 토마토를 좋아하는 사람보다 많습니다. (　　)

(3) 사과와 토마토를 둘 다 좋아하는 사람은 배와 토마토를 둘 다 좋아하는 사람보다 많지 않습니다. (　　)

1 다음은 주어진 문장을 벤 다이어그램으로 나타낸 것입니다. 나머지 부분을 완성하시오.

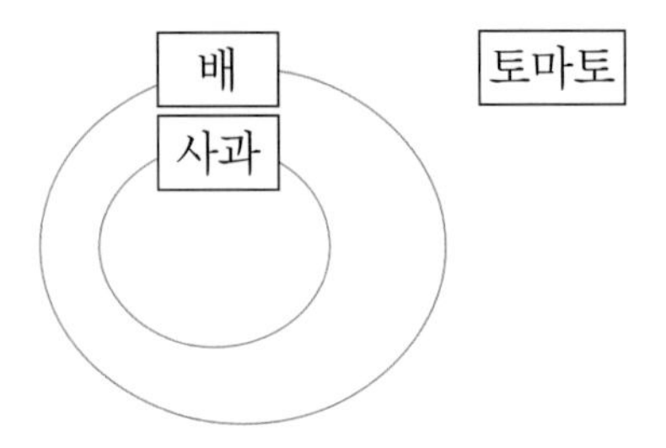

2 **1** 의 벤 다이어그램에 토마토와 배를 둘 다 좋아하는 사람이 있는 부분을 찾아 색칠하고, (1)이 옳은 문장인지 알아보시오.

3 벤 다이어그램을 보고, (2)와 (3)이 각각 옳은 문장인지 아닌지 알아보시오.

1

다음 사실을 보고, 옳지 않은 것을 고르시오.

- C이면 A입니다.
- A인 것은 모두 B에 포함됩니다.

① C이면 B입니다.
② B가 아닌 것은 C가 아닙니다.
③ C가 아닌 것은 B도 아닙니다.
④ A가 아닌 것 중에는 B인 것도 있습니다.

Key Point

다음 벤 다이어그램에서 색칠한 부분은 A가 아닌 것 중에서 B인 부분입니다.

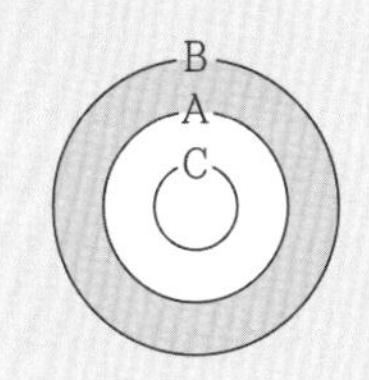

2

다음 사실을 보고, (　) 안에 주어진 문장이 항상 옳으면 ○, 그렇지 않으면 ×표 하시오.

- 등산을 좋아하는 사람은 모두 골프를 좋아합니다.
- 야구를 좋아하는 사람은 모두 달리기를 좋아합니다.
- 달리기를 좋아하는 사람은 모두 등산을 좋아합니다.

(1) 달리기를 좋아하는 사람은 모두 골프를 좋아합니다. (　　)

(2) 골프를 좋아하지 않는 사람은 야구도 좋아하지 않습니다. (　　)

(3) 야구를 좋아하는 사람은 등산을 좋아하는 사람보다 많지 않습니다. (　　)

벤 다이어그램을 그린 후, □ 안에 알맞은 운동을 써넣어 봅니다.

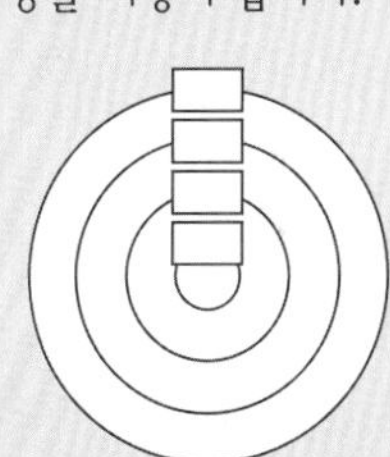

유형 06-2 포함과 배제

정은이네 반 학생 40명이 놀이공원에 놀러 갔습니다. 25명은 바이킹을 타고, 20명은 회전목마를 탔습니다. 두 가지 놀이기구 중 어느 것도 타지 않은 학생이 5명이라고 할 때, 두 가지 중에서 한 가지만 탄 학생은 몇 명입니까?

1 다음은 위의 문제를 벤 다이어그램으로 나타낸 것입니다. □ 안에 알맞은 수를 써넣으시오.

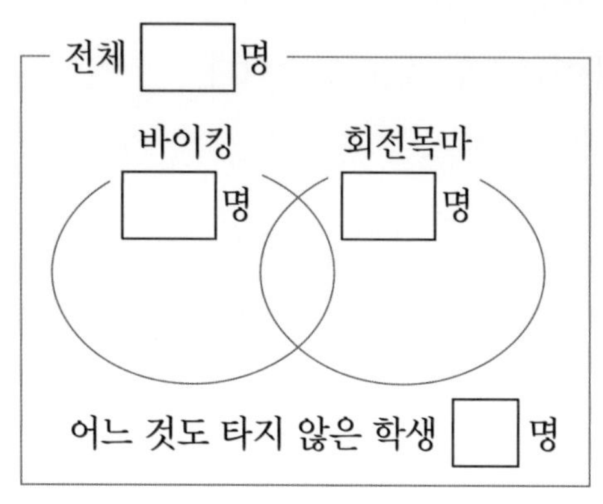

2 바이킹이나 회전목마를 탄 학생은 모두 몇 명입니까?

3 바이킹과 회전목마 두 가지 모두 탄 학생은 몇 명입니까?

4 바이킹만 탄 학생과 회전목마만 탄 학생은 각각 몇 명입니까?

5 바이킹과 회전목마 중에서 한 가지만 탄 학생은 모두 몇 명입니까?

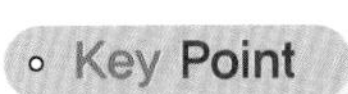

확인문제

◦ Key Point

1 주영이네 학교의 여학생은 모두 200명입니다. 그중에서 언니가 있는 학생은 80명이고, 오빠가 있는 학생은 140명입니다. 언니와 오빠가 모두 있는 학생이 30명이라고 할 때, 주영이네 학교의 여학생 중에서 언니도 오빠도 없는 학생은 모두 몇 명입니까?

다음과 같이 벤 다이어그램으로 나타낼 때, ㉢은 언니도 오빠도 없는 학생 수를 나타냅니다.

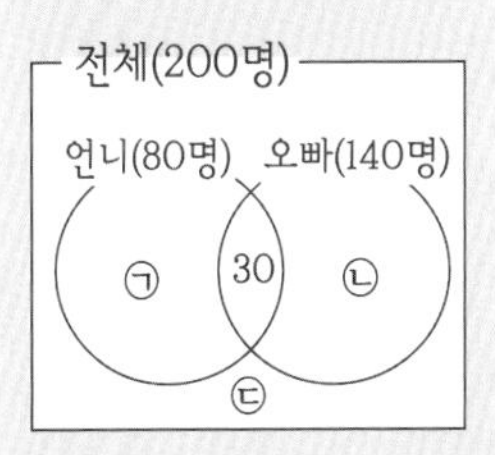

㉢=200−(㉠+30+㉡)

2 바닥에 직사각형 모양의 타일 2개를 그림과 같이 겹쳐 놓았습니다. 2개의 타일이 덮고 있는 바닥의 넓이는 몇 cm^2입니까?

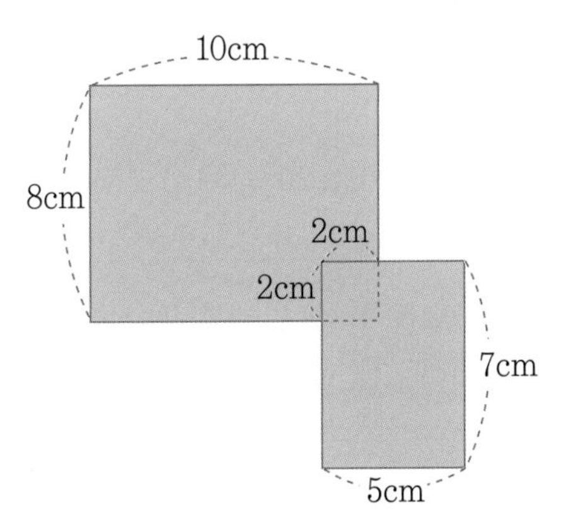

가운데 정사각형은 두 개의 타일이 겹쳐 있는 부분인 것에 주의합니다.

1 다음 그림을 보고 알 수 없는 사실은 어느 것입니까?

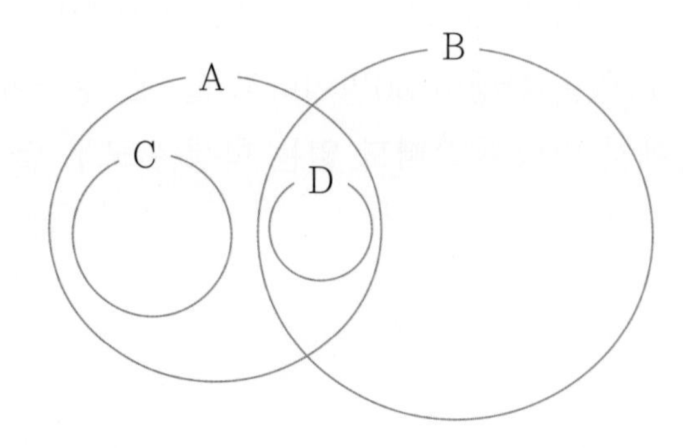

① C는 모두 A에 포함되므로 C이면 A입니다.
② C와 D는 공통된 부분이 없습니다.
③ D는 A와 B의 공통된 부분에 포함됩니다.
④ B와 C는 공통된 부분이 없습니다.
⑤ D는 A에 포함되지만 B에는 포함되지 않습니다.

2 다음 사실을 보고 확실히 말할 수 있는 것은 어느 것입니까?

- 1반 학생 중에는 피아노를 칠 수 있는 학생이 있습니다.
- 2반 학생들은 모두 피아노를 칠 수 있습니다.

① 피아노를 치고 1반이 아닌 학생은 2반 학생입니다.
② 피아노를 치고 2반이 아닌 학생은 1반 학생이 아닙니다.
③ 피아노를 칠 수 있는 학생은 2반에 많이 있습니다.
④ 피아노를 치지 못하는 학생은 2반에는 없지만 1반에는 있을 수도 있습니다.
⑤ 피아노를 칠 수 있는 학생은 반드시 1반이나 2반 중 어느 한 반의 학생입니다.

3 1에서 20까지의 수를 조건에 맞게 벤 다이어그램 안에 써넣을 때, 가장 수가 적게 들어가는 곳은 ㈎, ㈏, ㈐, ㈑ 중 어느 곳입니까?

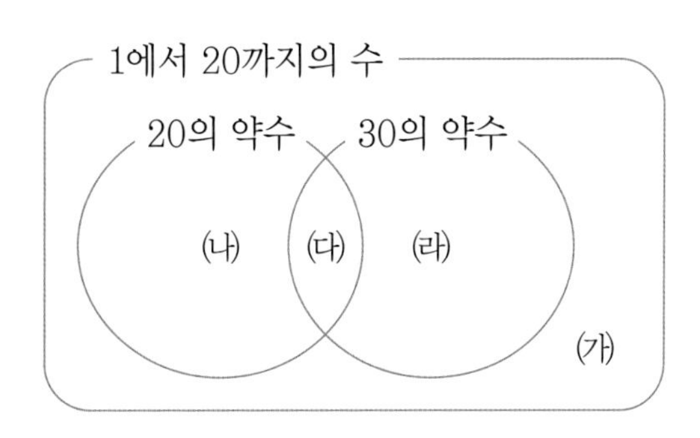

4 민수네 반의 학생 수는 40명입니다. 이번에 수학 경시대회에 참가한 사람은 24명, 과학 경시대회에 참가한 사람은 26명입니다. 수학 경시대회에만 참가한 사람은 최대 몇 명입니까?

Memo

Ⅷ 도형

도형

07 쌓기나무

개념학습 위, 앞, 옆에서 본 모양

쌓기나무를 쌓아서 만든 모양을 위, 앞, 옆에서 본 모양은 각각 다음과 같습니다.

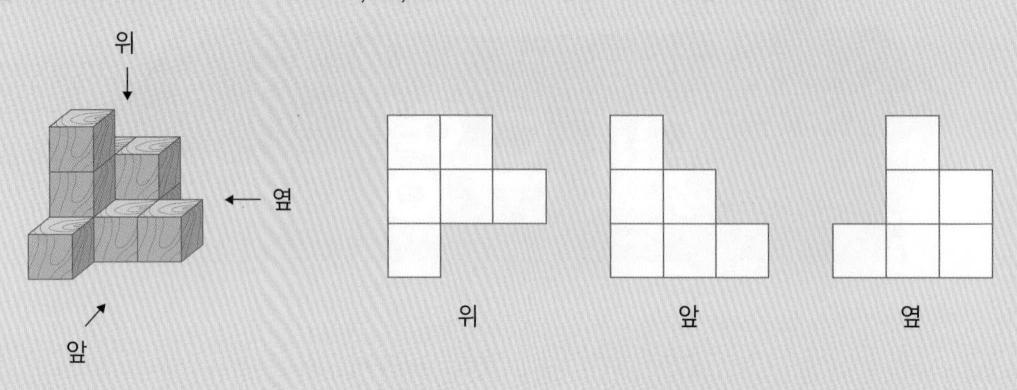

위 앞 옆

예제 다음 그림은 쌓기나무로 쌓은 것을 위, 오른쪽 옆에서 본 모양입니다. 이때, 앞에서 본 모양은 두 가지가 나옵니다. 두 가지 모양을 모두 그리시오.

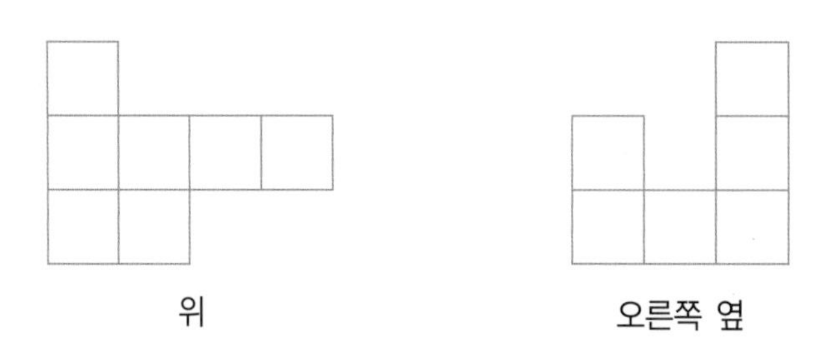

위 오른쪽 옆

강의노트

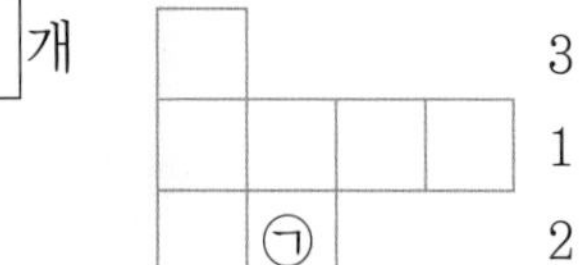

① 오른쪽 옆에서 본 모양에서 왼쪽부터 쌓기나무의 개수가 2개, 1개, □개입니다. 이것을 위에서 본 모양의 오른쪽에 표시합니다.

② 위에서 본 모양에서 숫자 1이 쓰여 있는 줄은 모두 쌓기나무가 □개 있고, 숫자 3이 쓰여 있는 줄은 한 칸밖에 없으므로 쌓기나무가 □개 있습니다.

③ 숫자 2가 쓰여 있는 줄은 두 칸이 모두 2개일 수도 있고, 두 칸 중 한 칸만 2개일 수도 있습니다. 따라서 ㉠의 칸이 2개인지 1개인지에 따라 앞에서 본 모양은 두 가지가 나옵니다. 나머지 한 가지 모양을 그리시오.

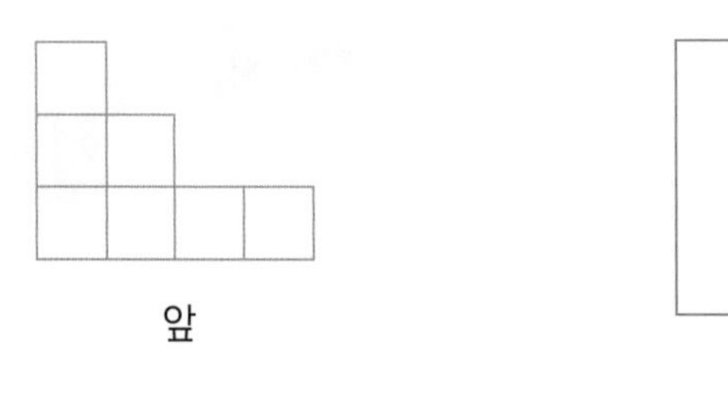

앞 앞

개념학습 쌓기나무의 최대, 최소 개수

위, 앞, 옆에서 본 모양을 보고 쌓기나무를 쌓은 모양을 예상할 수 있습니다. 이때, 쌓기나무로 쌓은 모양은 다음과 같이 여러 가지로 나올 수 있습니다.

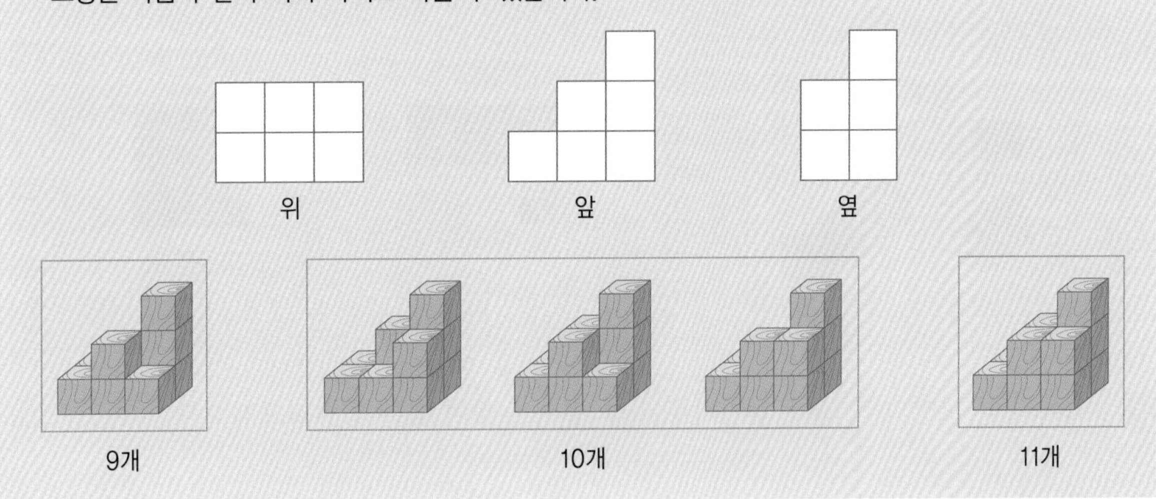

예제 다음은 쌓기나무로 만든 것을 위, 앞, 오른쪽 옆에서 본 모양입니다. 쌓기나무의 최대, 최소 개수를 구하시오.

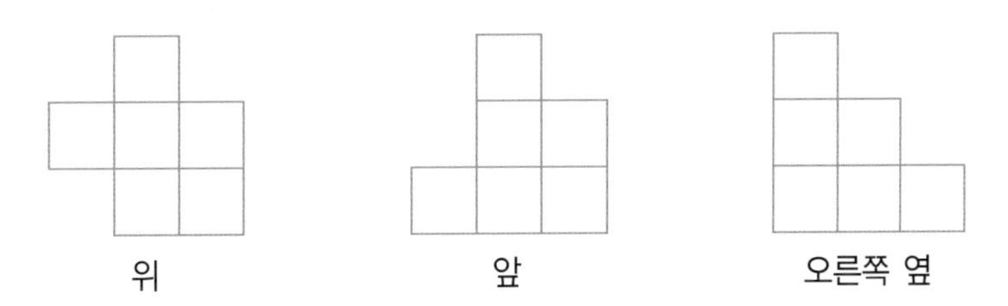

강의노트

① 위에서 본 모양의 아래에는 앞에서 본 모양의 개수를 쓰고, 오른쪽에는 오른쪽 옆에서 본 모양의 개수를 쓴 후, 개수를 분명히 알 수 있는 것을 먼저 찾아 씁니다.

	1		1
1			2
	3		3
1	3	2	

② 쌓기나무의 개수가 가장 많을 때는 색칠된 칸에 모두 2개씩 쌓은 경우입니다. 가장 적을 때 색칠된 칸에 알맞은 쌓기나무의 개수를 써넣으시오.

가장 많을 때

	1		1
1	2	2	2
	3	2	3
1	3	2	

가장 적을 때

	1		1
1			2
	3		3
1	3	2	

③ 따라서 쌓기나무의 최대 개수는 [ ]개이고, 최소 개수는 [ ]개입니다.

유형 07-1 위, 앞, 옆에서 본 모양

다음은 |보기|의 막대를 한 번씩 사용하여 만든 것을 위, 오른쪽 옆에서 본 모양입니다. 이때, 앞에서 본 모양을 그리시오.

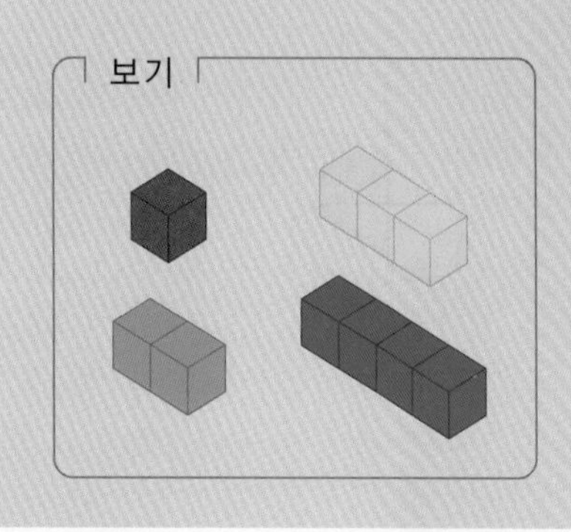

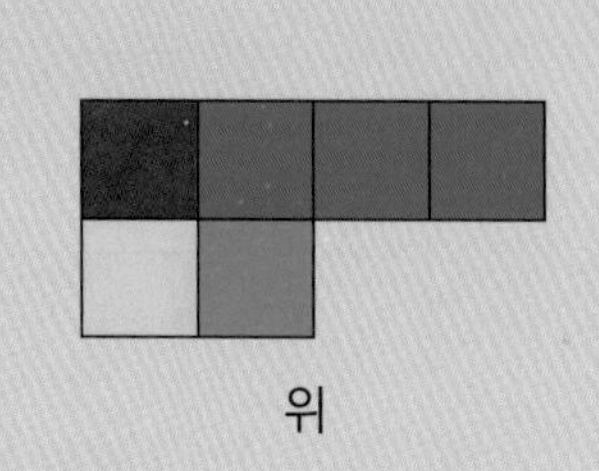
위

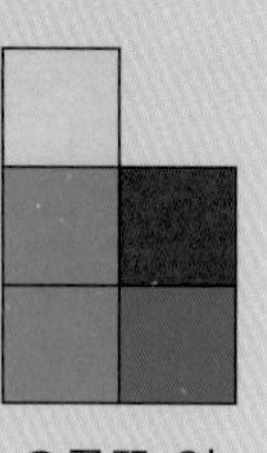
오른쪽 옆

1 위에서 본 모양의 각 칸에 쌓기나무가 몇 층으로 쌓여 있는지 써넣으시오.

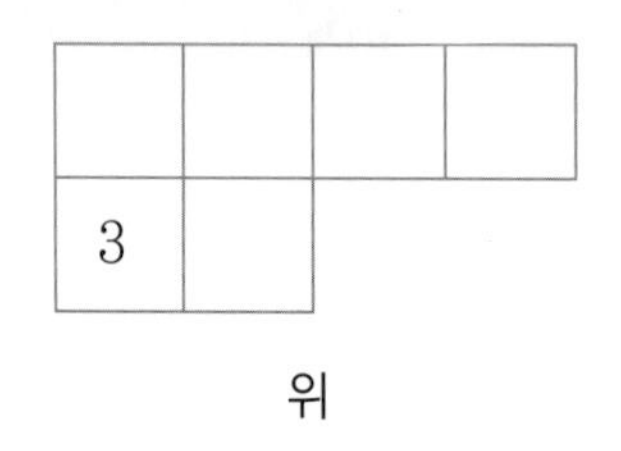

위

2 **1** 에서 구한 쌓기나무의 층수를 보고 앞에서 본 모양을 그린 다음, 각 칸에 알맞은 색깔을 써넣으시오.

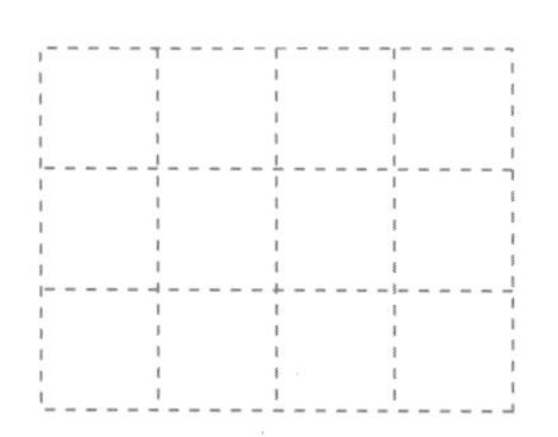

3 다음은 |보기|의 막대를 이용하여 다른 모양을 만들고 위, 오른쪽 옆에서 본 모양입니다. 이때, 앞에서 본 모양을 그리시오.

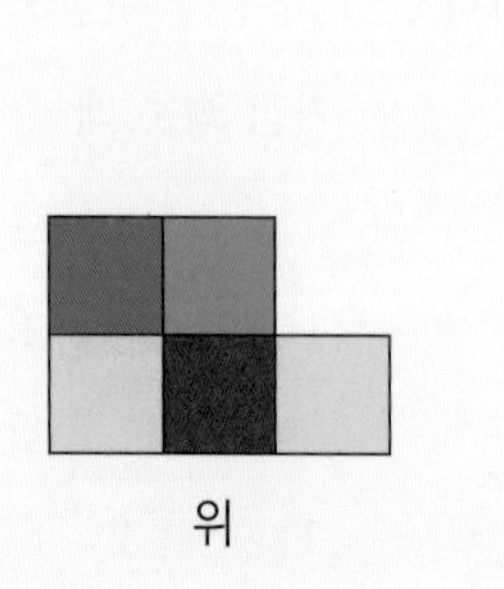
위

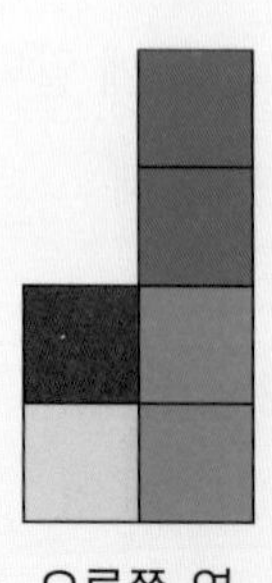
오른쪽 옆

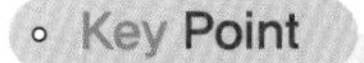

앞에서 본 모양에 직육면체 5개가 모두 보입니다. 이때, 서로 다른 직육면체가 구분되게 색깔로 표시해 봅니다.

예

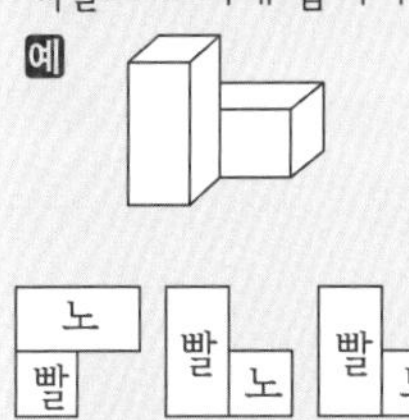

1 쌓기나무 2개를 붙여서 직육면체를 만들었습니다. 이 직육면체 5개를 쌓아서 만든 것을 위, 앞에서 본 모양이 아래와 같습니다. 오른쪽 옆에서 본 모양을 그리시오.

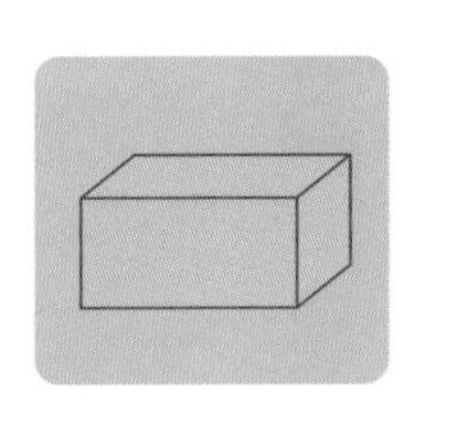

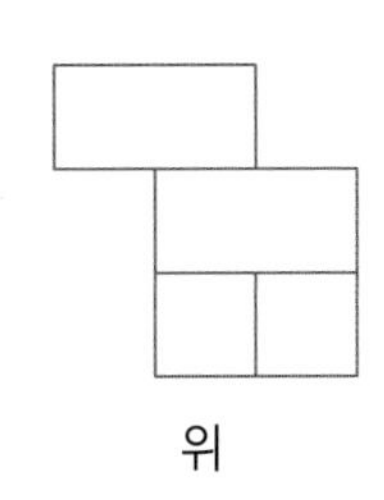

위

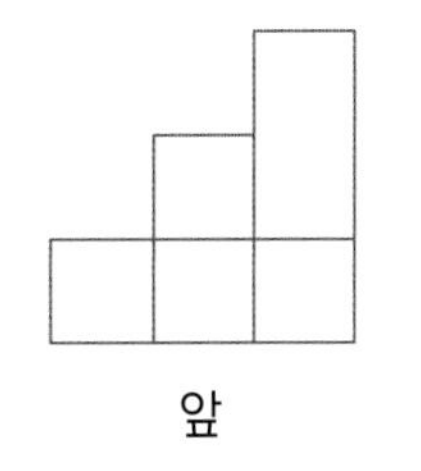

앞

막대의 길이를 생각해 봅니다.

2 다음은 |보기|의 막대를 한 번씩 사용해서 만든 것을 앞과 오른쪽 옆에서 본 그림입니다. 위에서 본 모양을 그리고, 각 칸에 알맞은 색깔을 써넣으시오.

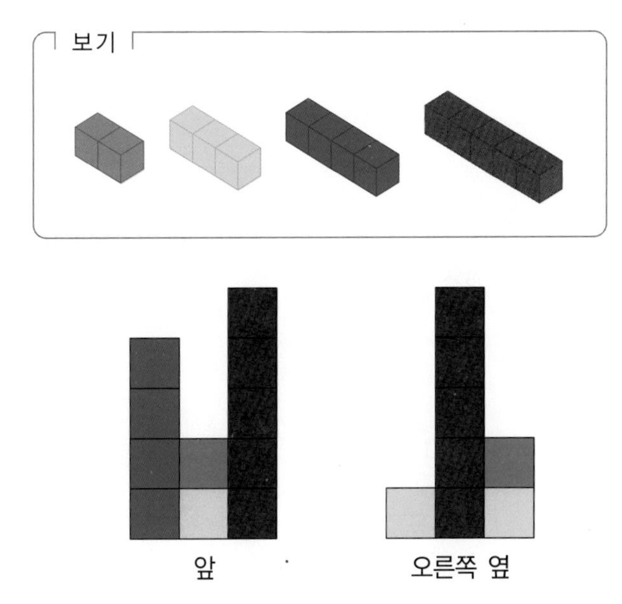

유형 07-2 쌓기나무를 쌓는 방법의 가짓수

다음은 쌓기나무를 쌓아 만든 것을 위, 앞, 오른쪽 옆에서 본 모양입니다. 쌓기나무를 가장 많이 사용할 때와 가장 적게 사용할 때의 쌓기나무의 개수를 구하고, 가장 적게 사용할 때 쌓기나무를 쌓는 방법의 가짓수를 구하시오.

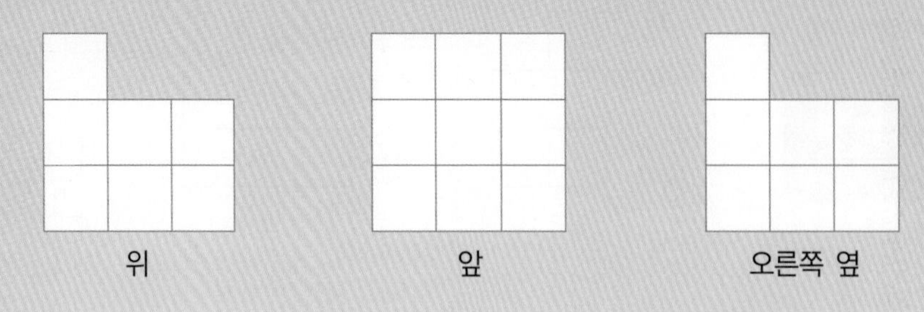

1 그림은 위에서 본 모양의 아래와 오른쪽에 각각 앞과 오른쪽 옆에서 본 모양의 쌓기나무의 개수를 쓴 것입니다. 색칠되지 않은 칸에 쌓여 있는 쌓기나무의 개수를 써넣으시오.

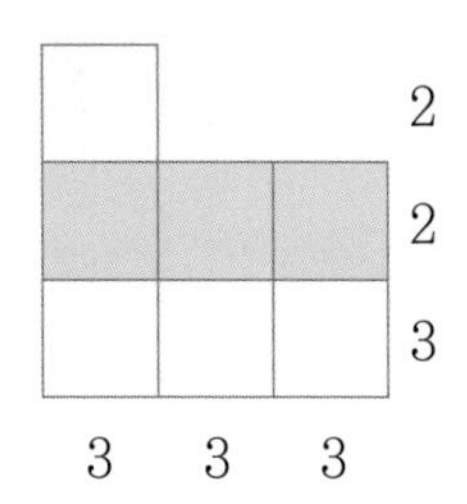

2 색칠된 칸은 쌓기나무를 쌓는 방법에 따라 쌓기나무의 개수가 바뀔 수 있는 칸입니다. 쌓기나무를 가장 많이 사용하여 쌓았을 때, 빈칸에 알맞은 쌓기나무의 개수를 쓰고 전체 쌓기나무의 개수를 구하시오.

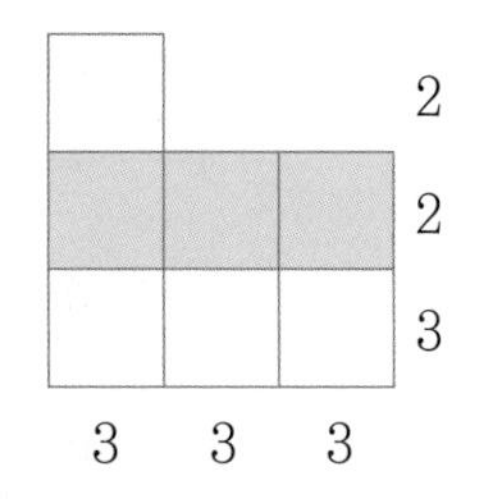

3 쌓기나무를 가장 적게 사용하여 쌓는 방법은 여러 가지입니다. 각각의 경우에 빈칸에 알맞은 수를 써넣고, 전체 쌓기나무의 개수를 구하시오.

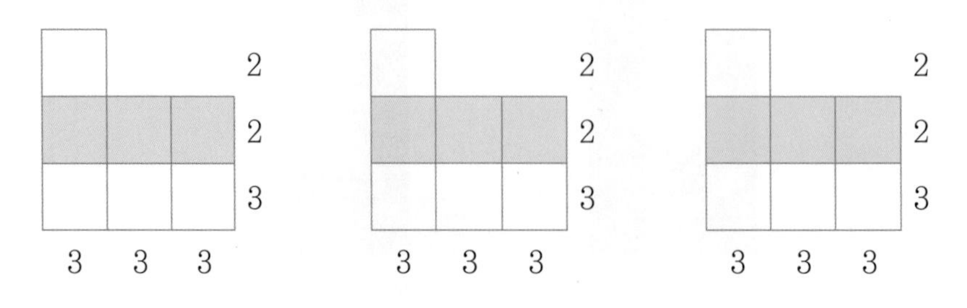

4 쌓기나무를 가장 적게 사용하여 쌓는 방법은 모두 몇 가지입니까?

확인문제

Key Point

1 다음과 같이 쌓기나무로 쌓은 것을 앞과 오른쪽 옆에서 본 모양이 같습니다. 사용된 쌓기나무의 개수가 가장 많을 때와 가장 적을 때의 개수를 각각 구하시오. (단, 이웃한 쌓기나무끼리 반드시 면이 서로 맞닿아야 하는 것은 아닙니다.)

위에서 본 모양을 그리고, 각 칸에 쌓기나무를 몇 개씩 쌓아야 하는지 써 봅니다.

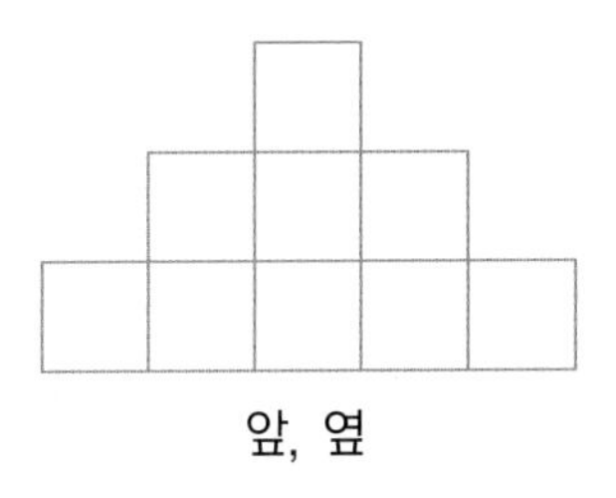

앞, 옆

2 다음은 쌓기나무로 쌓은 것을 위, 앞, 오른쪽 옆에서 본 모양입니다. 쌓기나무를 가장 적게 사용해서 만드는 방법은 몇 가지입니까?

위에서 본 모양의 아래에는 앞에서 본 모양의 개수를 쓰고, 오른쪽에는 오른쪽 옆에서 본 모양의 개수를 쓴 후, 개수를 분명히 알 수 있는 것을 먼저 찾아 씁니다.

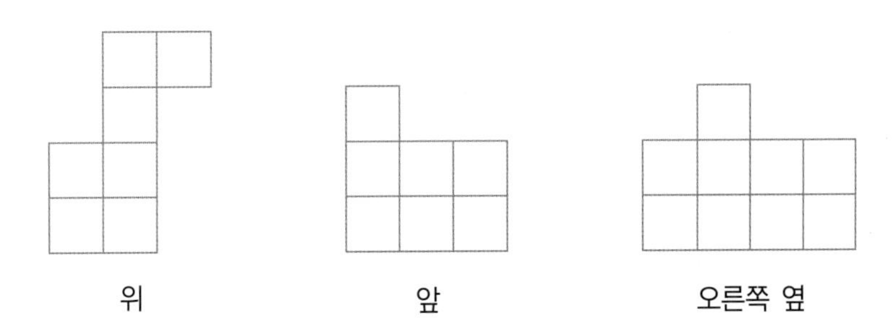

창의사고력 다지기

1 위, 앞에서 본 모양이 다음과 같게 되도록 쌓기나무로 쌓으려고 합니다. 필요한 쌓기나무의 최대 개수를 구하고, 최대 개수로 쌓은 모양을 오른쪽 옆에서 본 모양을 그리시오.

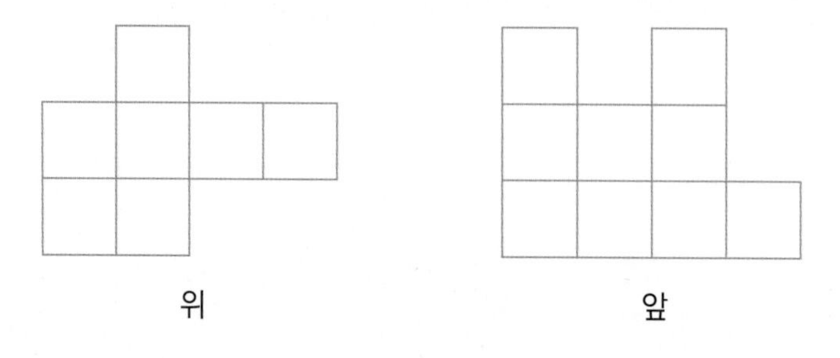

2 다음과 같이 쌓기나무를 쌓았더니 위, 앞, 오른쪽 옆에서 본 모양이 모두 같습니다. 이때, 위, 앞, 오른쪽 옆에서 본 모양이 변하지 않게 뺄 수 있는 쌓기나무의 최대 개수를 구하시오.

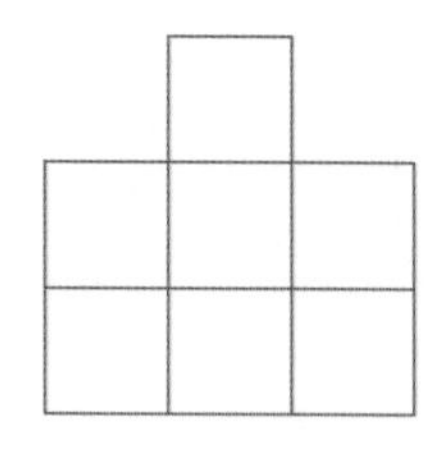

위, 앞, 오른쪽 옆

3 다음은 쌓기나무로 쌓은 것을 위, 앞에서 본 모양입니다. 오른쪽 옆에서 본 서로 다른 모양은 모두 몇 가지입니까?

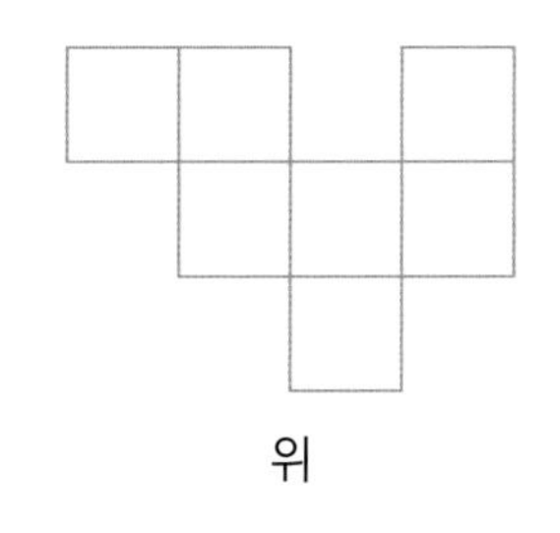
위

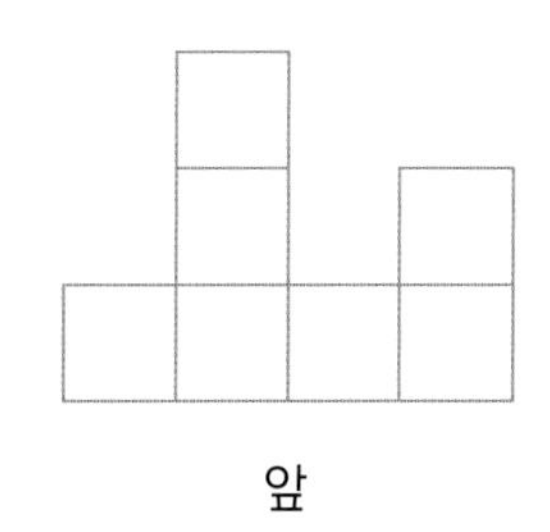
앞

4 쌓기나무로 쌓은 것을 위, 앞, 오른쪽 옆에서 본 모양이 각각 다음과 같을 때, 필요한 쌓기나무의 최소 개수와 만드는 방법의 가짓수를 각각 구하시오.

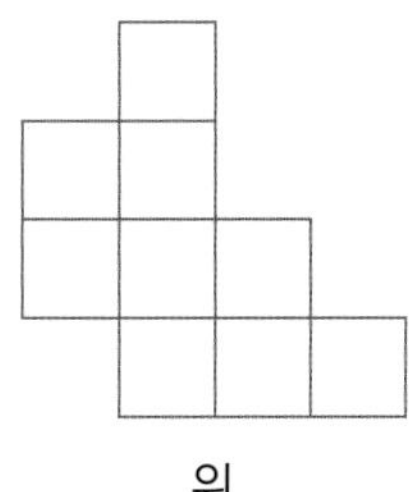

위

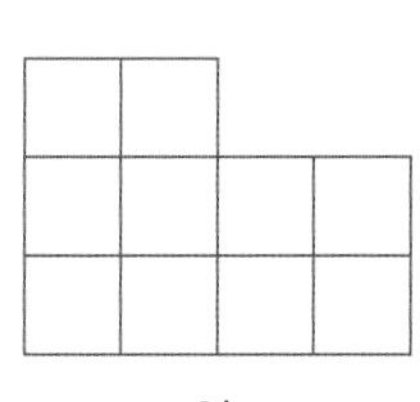
앞

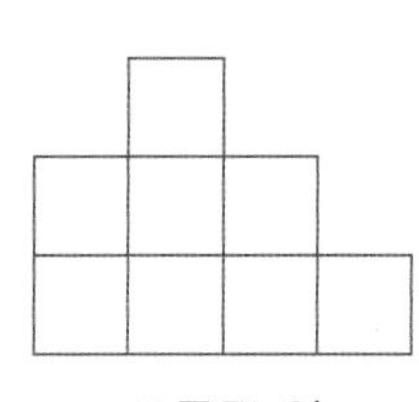
오른쪽 옆

08 쌓기나무와 겉넓이

개념학습 쌓기나무로 쌓은 모양의 겉넓이

한 면의 넓이가 1인 쌓기나무로 쌓은 모양의 겉넓이를 구할 때에는 위, 앞, 옆에서 본 모양의 면의 수에 2배를 하고, 보이지 않는 면의 수를 더해 주면 됩니다.

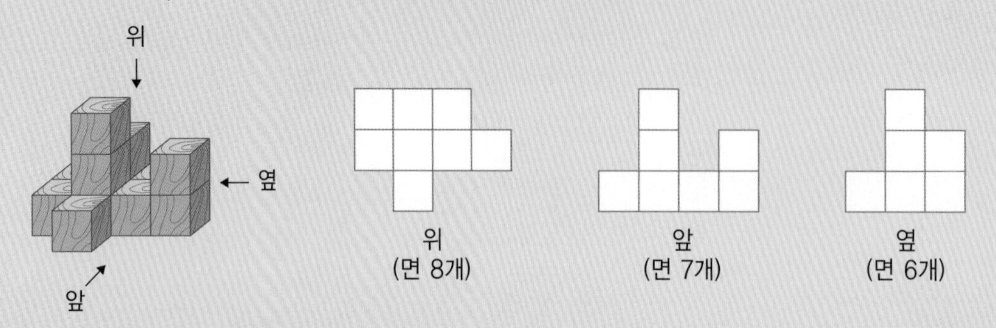

➡ (쌓기나무로 쌓은 모양의 겉넓이)=(8+7+6)×2+2=44

오른쪽 그림에서 빨간색 면은 위, 앞, 옆 어느 방향에서도 보이지 않는 면이므로 겉넓이를 구할 때 이와 같이 보이지 않는 면에 주의해야 합니다.

예제 다음은 한 모서리의 길이가 1cm인 쌓기나무를 쌓아 만든 것입니다. 이 모양의 겉넓이는 몇 cm^2입니까?

강의노트

① 다음은 위, 앞, 오른쪽 옆에서 본 모양입니다. 따라서 위와 아래, 앞과 뒤, 오른쪽 옆과 왼쪽 옆에서 보이는 면의 수는 (5+6+☐)×☐=☐(개)입니다.

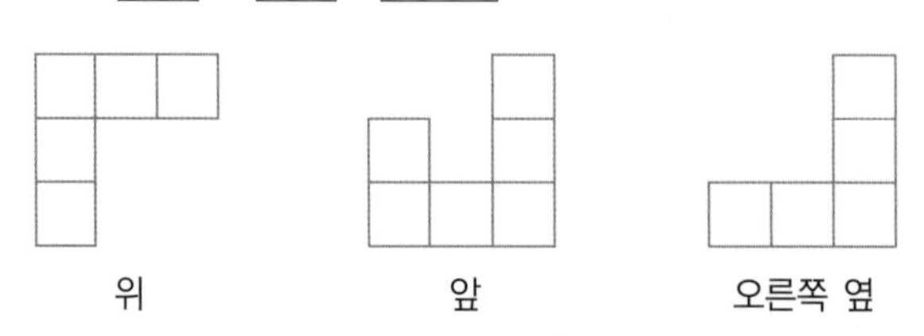

② 오른쪽 그림의 빨간색 면 2개는 어느 방향에서 보아도 보이지 않는 면입니다. 따라서 ①에서 구한 면의 수에 ☐를 더하면 모든 면의 수가 됩니다.

③ 쌓기나무의 한 면의 넓이는 $1cm^2$이므로 이 모양의 겉넓이는 ☐cm^2입니다.

개념학습 색칠된 면의 개수

- 오른쪽 그림과 같이 큰 정육면체의 모든 면을 색칠한 뒤 27개의 작은 정육면체로 자르면, 작은 정육면체의 면이 54개 색칠됩니다.
- 색칠된 면의 개수에 따라 쪼개어진 작은 정육면체를 나누어 세면 다음과 같습니다.

색칠된 면의 개수	0개	1개	2개	3개
정육면체의 위치	큰 정육면체의 중심	면의 중심	모서리의 중심	꼭짓점
정육면체의 개수	1개	6개	12개	8개

예제 오른쪽 그림은 쌓기나무를 쌓아서 만든 큰 정육면체입니다. 이 정육면체의 모든 면을 물감으로 칠했을 때, 물감이 칠해진 면의 수가 0개, 1개, 2개, 3개인 쌓기나무는 각각 몇 개입니까?

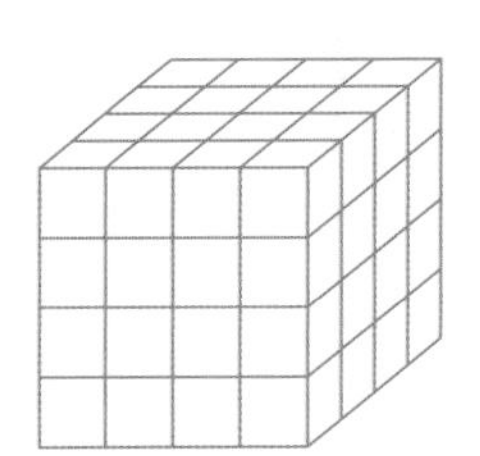

강의노트

① 칠해진 면이 0개인 쌓기나무는 오른쪽 그림과 같이 큰 정육면체의 중심에 있습니다. 따라서 쌓기나무의 개수는 $2 \times 2 \times \square = \square$(개)입니다.

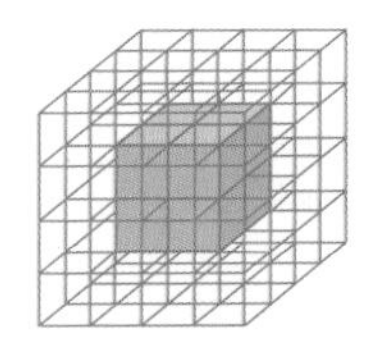

② 칠해진 면이 1개인 쌓기나무는 면의 중심에 있고, 한 면에 4개씩 있습니다. 따라서 쌓기나무의 개수는 $4 \times \square = \square$(개)입니다.

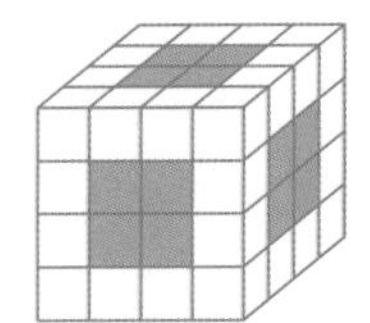

③ 칠해진 면이 2개인 쌓기나무는 모서리의 중심에 있고, 한 모서리에 2개씩 있습니다. 따라서 쌓기나무의 개수는 $2 \times \square = \square$(개)입니다.

④ 칠해진 면이 3개인 쌓기나무는 꼭짓점에 있습니다. 따라서 쌓기나무의 개수는 $\square$개입니다.

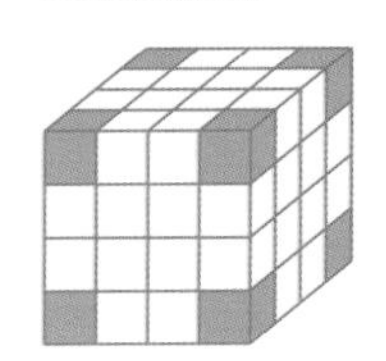

유형 08-1 구멍 뚫린 정육면체의 겉넓이

오른쪽 그림은 쌓기나무 27개를 붙여 만든 정육면체에서 가운데를 완전히 통과하도록 쌓기나무 몇 개를 빼서 만든 모양입니다. 이 모양을 페인트 통에 완전히 담갔다 꺼냈을 때, 이 모양의 겉넓이는 몇 cm^2입니까? (단, 쌓기나무의 한 면의 넓이는 $1cm^2$입니다.)

1 위와 아래, 앞과 뒤, 오른쪽 옆과 왼쪽 옆에서 본 모양이 모두 다음과 같을 때, 색칠된 면 중에서 보이는 면은 모두 몇 개입니까?

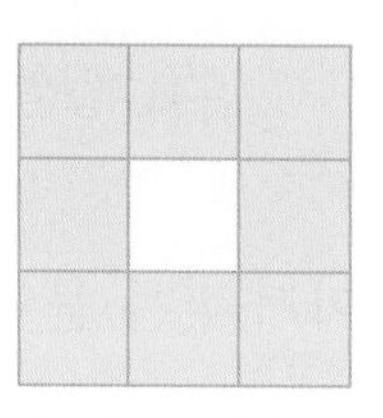

위, 앞, 오른쪽 옆

2 보이지 않는 색칠된 면은 처음 정육면체의 각 면의 가운데에 있는 쌓기나무가 빠진 자리입니다. 쌓기나무 1개가 빠진 자리마다 페인트가 칠해진 면은 몇 개씩입니까?

3 색칠된 면 중에서 보이지 않는 면은 모두 몇 개입니까?

4 페인트가 칠해진 면은 모두 몇 개입니까?

5 쌓기나무의 한 면의 넓이가 $1cm^2$이므로 색칠된 면의 개수는 주어진 모양의 겉넓이와 같습니다. 이 모양의 겉넓이는 몇 cm^2입니까?

1 다음 그림은 13개의 쌓기나무를 쌓아 만든 것입니다. 쌓기나무의 한 면과 모양과 크기가 같은 정사각형 모양의 스티커를 바닥면을 제외하고 보이는 모든 면에 붙이려고 합니다. 스티커는 몇 장 필요합니까?

Key Point

위, 앞, 옆에서 본 모양을 그려 봅니다.

2 다음은 쌓기나무를 붙여 만든 모양을 페인트에 담근 후, 위에서 본 모양을 그려 각 칸에 쌓은 쌓기나무의 개수를 적은 것입니다. 이 모양의 겉넓이는 몇 cm^2입니까? (단, 쌓기나무 한 면의 넓이는 $1cm^2$입니다.)

3	2	3
2	1	2
3	2	3

위

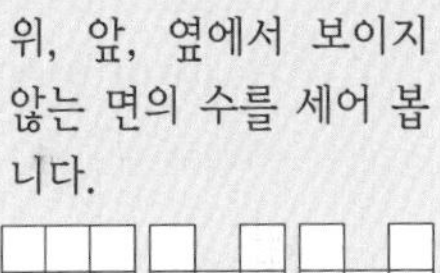

위, 앞, 옆에서 보이지 않는 면의 수를 세어 봅니다.

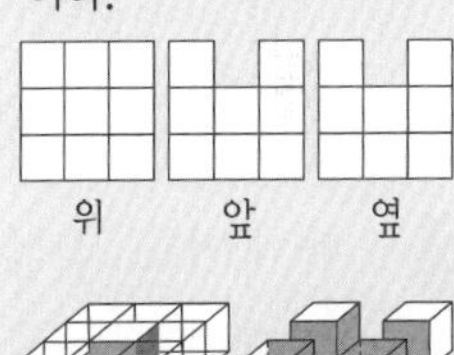

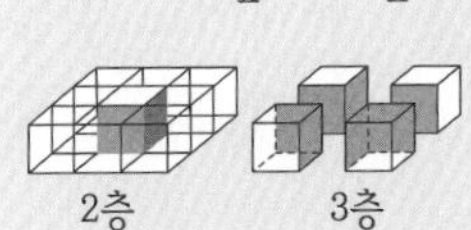

유형 08-2 변하지 않는 겉넓이

다음은 쌓기나무 23개를 붙여서 만든 것입니다. 쌓기나무 하나를 빼내어도 겉넓이가 변하지 않는 쌓기나무는 모두 몇 개입니까?

1 다음 색칠된 쌓기나무를 빼낼 때 겉넓이는 어떻게 변합니까?

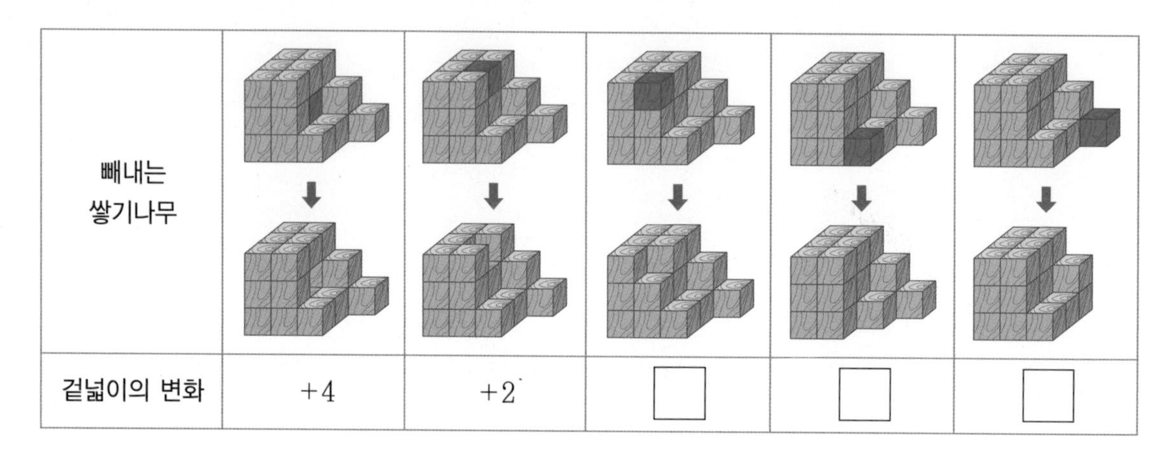

빼내는 쌓기나무					
겉넓이의 변화	+4	+2	□	□	□

2 빼내어도 겉넓이가 변하지 않는 쌓기나무는 쌓은 모양을 페인트 통에 담갔다 꺼냈을 때 색칠되는 면이 몇 개인 쌓기나무입니까?

3 하나를 빼내었을 때, 겉넓이가 변하지 않는 쌓기나무는 모두 몇 개입니까?

확인문제

1 다음과 같이 쌓기나무 27개를 붙여서 정육면체 모양으로 만들었습니다. 쌓기나무 2개를 빼내었을 때, 겉넓이가 변하지 않는 경우는 모두 몇 가지입니까? (단, 돌리거나 뒤집어서 같은 모양은 하나로 봅니다.)

2 쌓기나무를 그림과 같은 방법으로 5층이 되게 쌓았을 때, 하나를 빼내어도 겉넓이가 변하지 않는 쌓기나무는 모두 몇 개입니까?

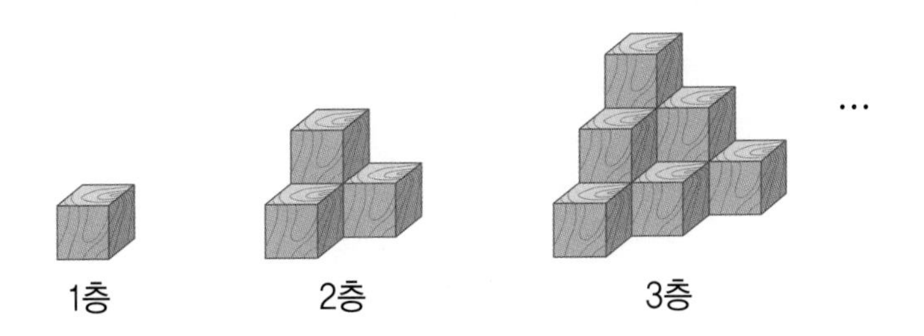

Key Point

한 개를 빼서 겉넓이가 변하지 않게 하려면 꼭짓점에 있는 쌓기나무를 빼면 됩니다.

페인트 통에 담근 다음 꺼내었을 때 색칠된 면이 3개인 쌓기나무를 찾습니다.

창의사고력 다지기

1 다음은 한 모서리의 길이가 1cm인 쌓기나무를 쌓은 것을 위, 앞, 오른쪽 옆에서 본 모양입니다. 이때, 쌓기나무로 만든 모양의 겉넓이를 구하시오.

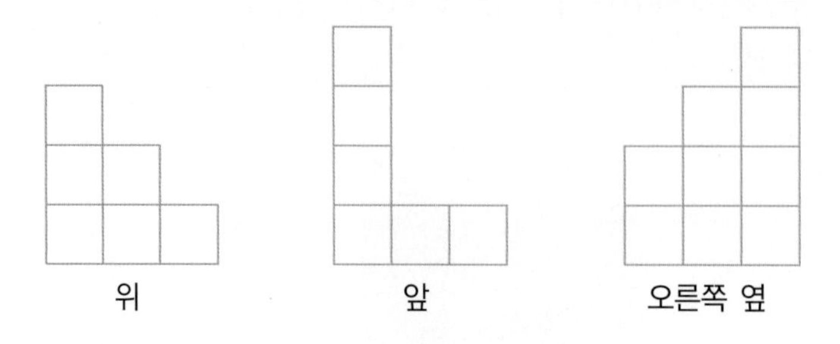

2 다음 그림은 한 모서리의 길이가 1cm인 쌓기나무 10개를 쌓은 것입니다. 바닥면을 포함한 모든 면에 물감을 칠하고 쌓기나무를 모두 떼어 내면, 물감이 칠해지지 않은 면의 넓이의 합은 몇 cm^2입니까?

3 다음 |보기|의 조각은 한 모서리의 길이가 1cm인 정육면체를 붙여서 만든 소마큐브입니다. 가로, 세로, 높이가 각각 3cm인 정육면체를 만든 후 보라색 조각을 뺀 모양의 겉넓이를 구하시오.

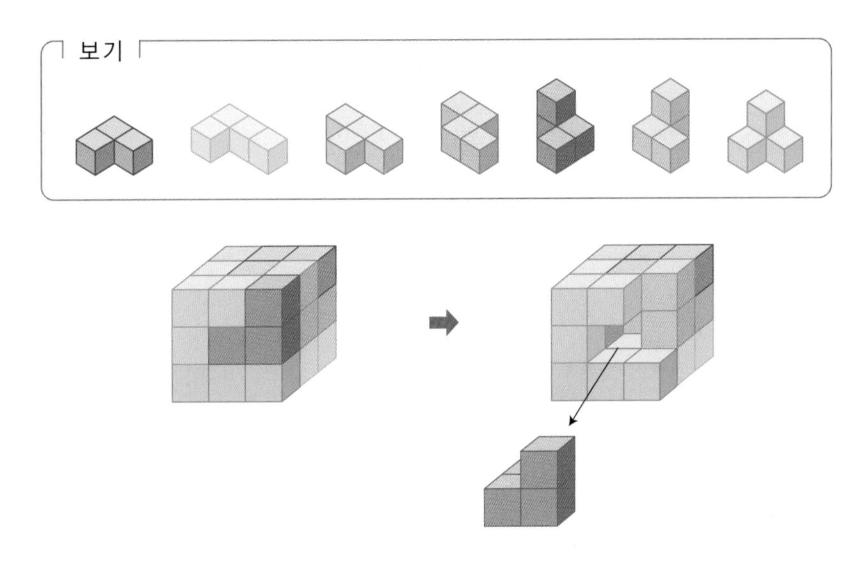

4 다음은 한 모서리의 길이가 2cm인 쌓기나무를 쌓아 만든 것입니다. 이 모양에 쌓기나무 2개를 더 쌓을 때, 겉넓이가 가장 큰 경우와 가장 작은 경우를 각각 구하시오.

09 회전체

개념학습 회전체의 모양

• 회전축을 중심으로 평면도형을 회전시키면 원기둥, 원뿔, …과 같은 회전체가 만들어집니다.

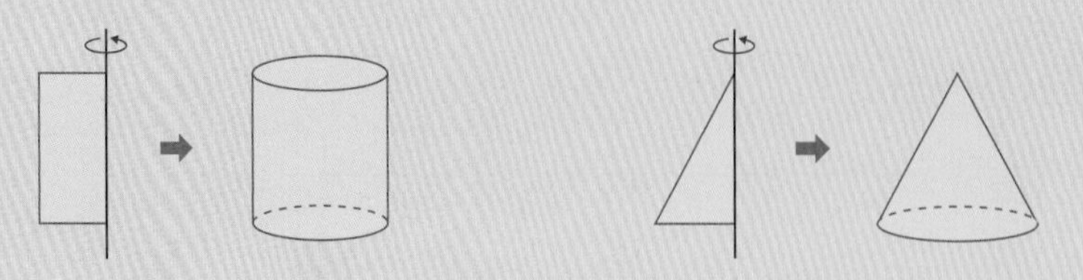

• 회전축과 떨어진 평면도형을 회전시키면 속이 비어 있는 회전체를 만들 수 있습니다.

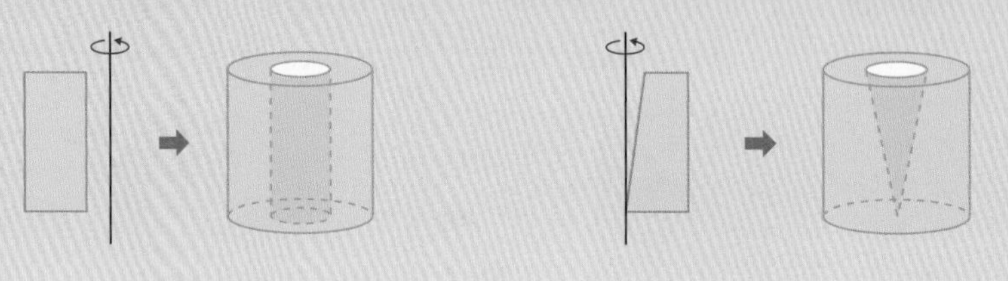

예제 다음 회전체는 어떤 평면도형을 회전축을 중심으로 1회전 시켜서 얻은 것입니다. 회전시킨 평면도형을 그리시오.

강의노트

① 입체도형을 [　　　]을 품은 평면으로 자른 단면을 그립니다.

② 회전체의 회전축을 품은 단면은 회전축을 중심으로 항상 (선대칭도형 , 점대칭도형)입니다.

③ 대칭축을 찾아 긋고, 대칭축을 중심으로 한쪽 면의 모양을 그립니다.

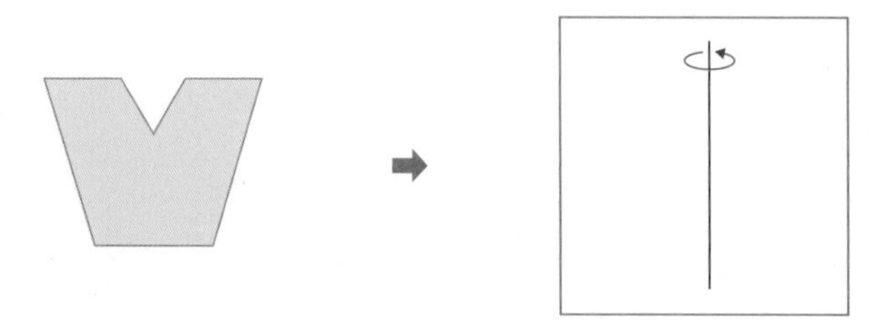

개념학습

회전축의 위치에 따른 회전체의 모양

같은 평면도형이지만 회전축의 위치에 따라 여러 가지 모양의 회전체를 만들 수 있습니다.

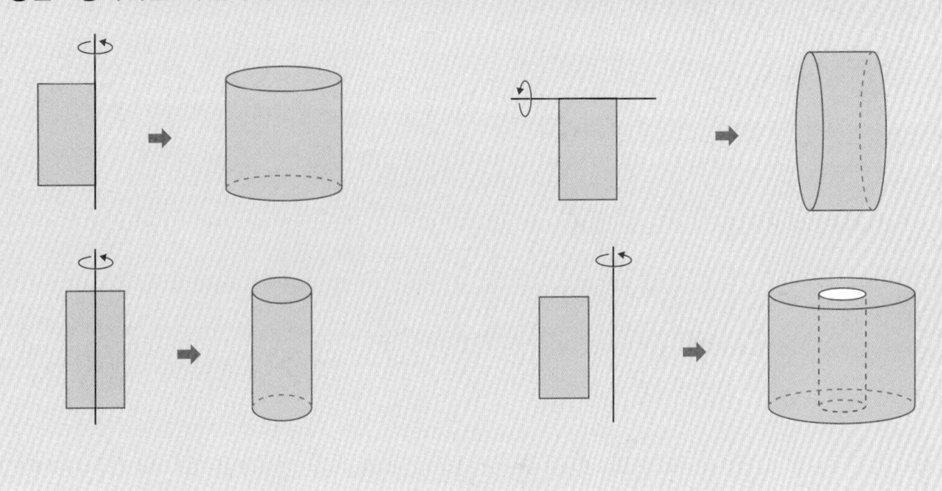

예제 똑같은 평면도형을 회전축의 위치를 바꾸어 가며 회전시켰을 때, 회전체의 모양을 그리시오.

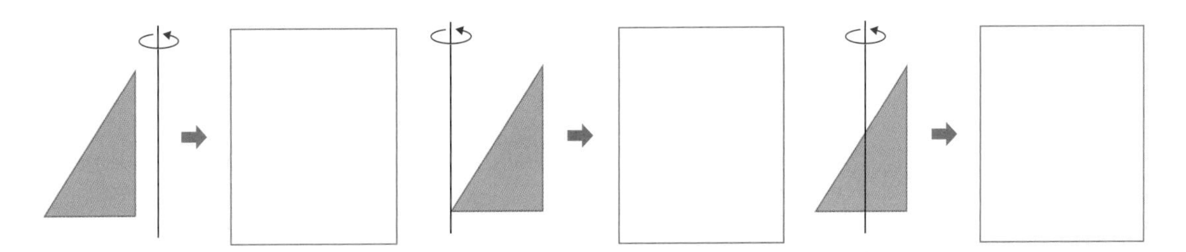

강의노트

① 평면도형을 회전축을 중심으로 회전시키면 다음과 같습니다.

② 평면도형의 내부에 회전축이 있는 경우에는 회전축의 왼쪽에만 또는 오른쪽에만 평면도형이 있다고 생각하고 회전체를 그린 다음, 각각의 회전체를 서로 겹쳐 그려서 회전체의 모양을 완성합니다.

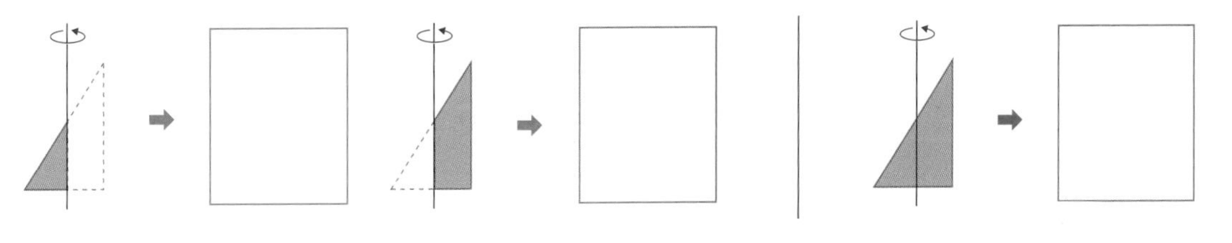

유형 09-1 회전체의 단면

다음 중 원뿔을 평면으로 잘랐을 때, 단면의 모양이 될 수 없는 것을 모두 고르시오.

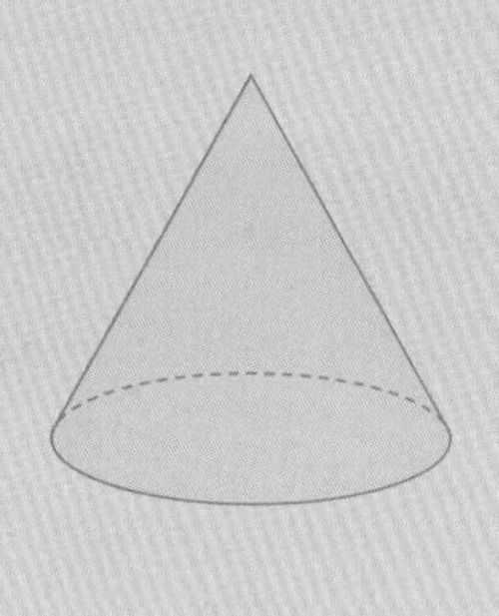

① 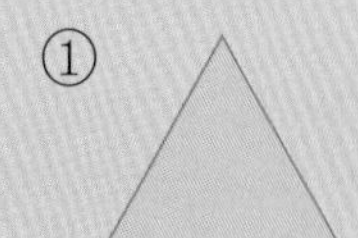 ② 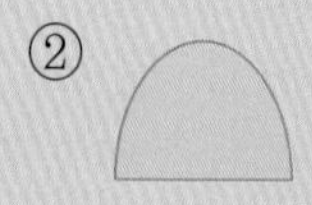 ③ 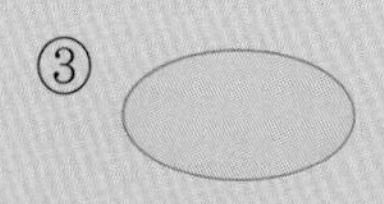

④ 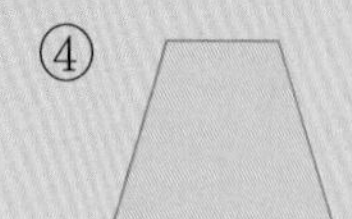 ⑤  ⑥ 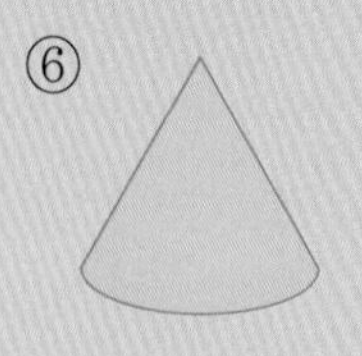

1 원뿔을 회전축에 수직인 평면과 회전축을 품은 평면으로 잘랐을 때 생기는 단면의 모양을 각각 그리시오.

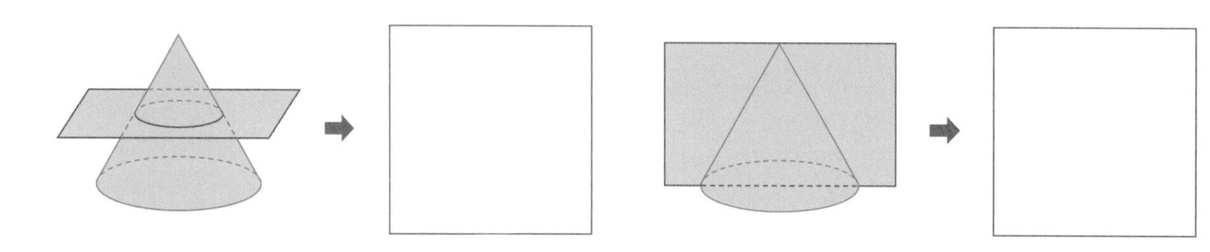

2 원뿔을 옆으로 비스듬하게 밑면을 지나도록 잘랐을 때와 밑면을 지나지 않도록 잘랐을 때의 단면의 모양을 각각 그리시오.

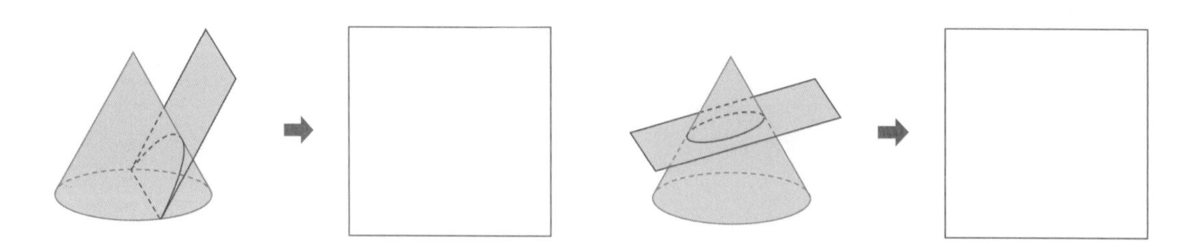

3 주어진 평면도형 중 원뿔을 평면으로 잘랐을 때, 단면의 모양이 될 수 없는 것을 모두 고르시오.

Key Point

1

다음 중 원기둥을 평면으로 잘랐을 때, 단면의 모양이 될 수 없는 것을 모두 고르시오.

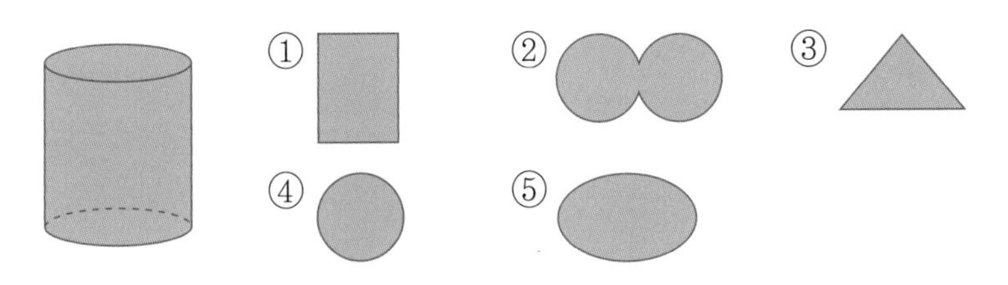

원기둥을 여러 방향으로 잘라 봅니다.

2

다음과 같이 속이 빈 회전체를 주어진 방향에 따라 평면으로 자를 때 생기는 단면을 그리시오.

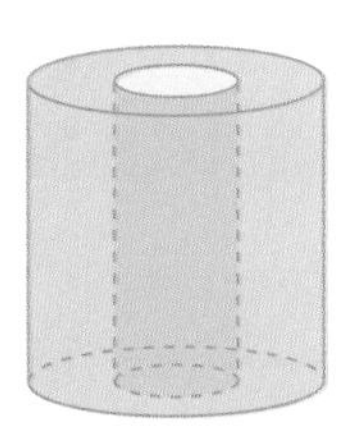

자른 방향	단면	자른 방향	단면

회전체를 자르는 방향에 따라 단면의 모양을 예상해 봅니다.

유형 09-2 넓이가 같은 직사각형의 회전체

넓이가 $16cm^2$인 직사각형의 한 변을 회전축으로 하여 원기둥을 만들었습니다. 이 원기둥의 부피가 최대일 때의 부피를 구하시오. (단, 직사각형의 가로, 세로의 길이는 자연수입니다.)

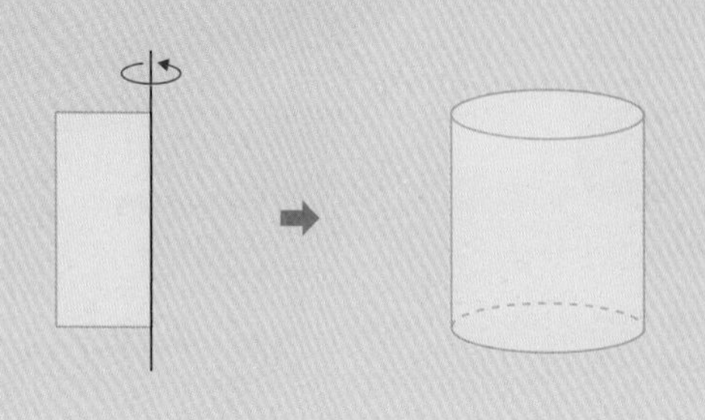

1 직사각형의 넓이가 $16cm^2$가 되도록 빈칸에 알맞은 길이를 써넣으시오.

	①	②	③	④	⑤
가로	1cm	2cm			
세로	16cm				

2 **1** 에서 ①번 직사각형을 회전시켜 만든 원기둥은 높이가 16cm이고, 밑면의 반지름이 1cm입니다. **1** 에서 구한 각각의 경우에 만들어지는 원기둥의 부피를 모두 구하시오.

3 넓이가 일정한 직사각형을 회전시켜 만든 원기둥의 부피는 직사각형의 가로의 길이가 길수록 커집니다. 원기둥의 부피가 최대일 때의 부피를 구하시오.

확인문제

1 넓이가 8cm²인 직사각형의 한 변을 회전축으로 하여 원기둥을 만들 때, 이 원기둥의 부피가 최소일 때의 부피를 구하시오. (단, 직사각형의 가로, 세로의 길이는 자연수입니다.)

Key Point
넓이가 일정한 직사각형을 회전시켜 만든 원기둥의 부피는 회전축과 수직인 변의 길이가 짧을수록 작아집니다.

2 가로의 길이가 세로의 길이의 2배인 직사각형을 가와 나의 방법으로 회전시켰을 때의 회전체의 부피의 비는 2 : 1입니다. 가로의 길이가 세로의 길이의 3배인 직사각형을 가와 나의 방법으로 회전시킬 때의 회전체의 부피의 비를 구하시오.

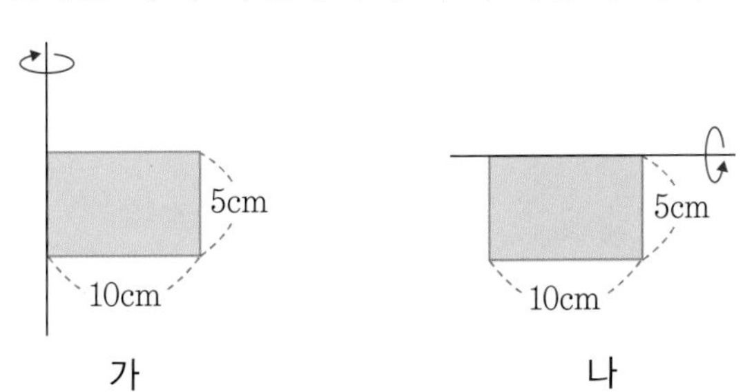

세로의 길이를 a, 가로의 길이를 3×a라고 생각하여 계산해 봅니다.

창의사고력 다지기

1 다음 회전체는 어떤 평면도형을 회전축을 중심으로 1회전 시켜 얻은 것입니다. 회전시킨 평면도형을 그리시오.

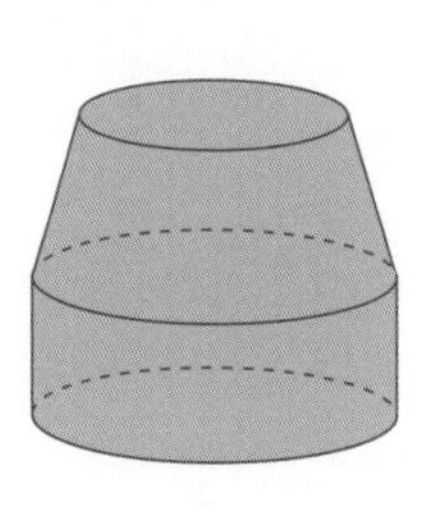

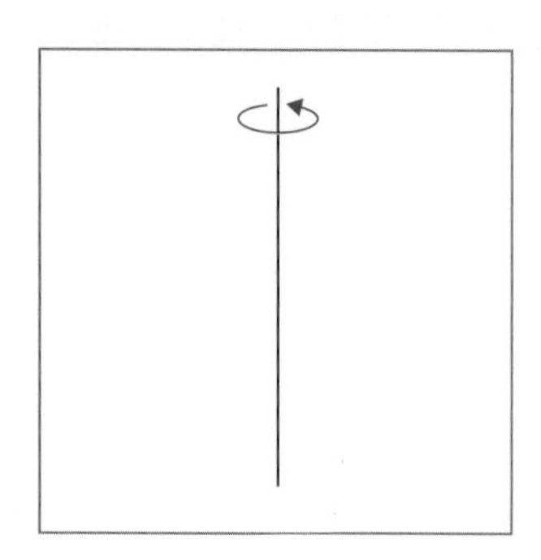

2 다음은 똑같은 평면도형을 회전축의 위치를 바꾸어 가며 회전시켰을 때의 회전체의 모양을 그린 것입니다. 알맞은 것끼리 짝지으시오.

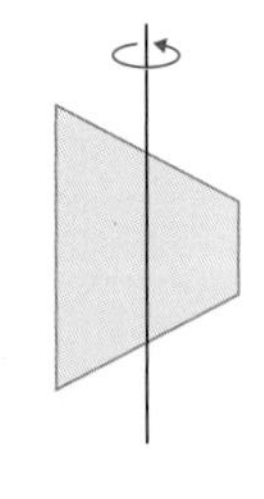

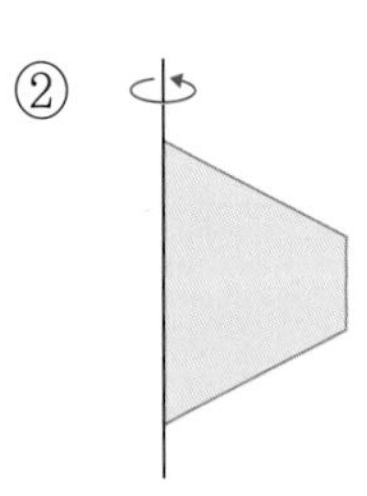

③

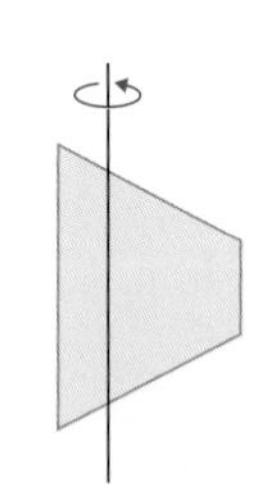

④

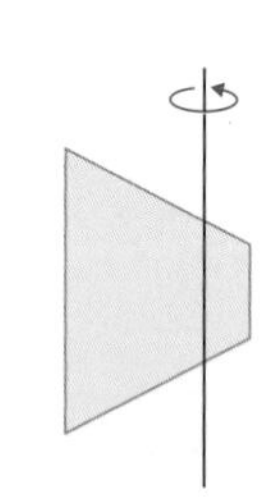

ㄱ

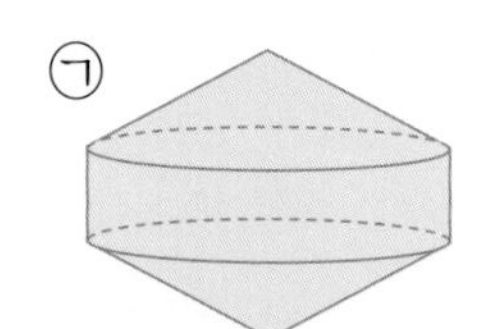

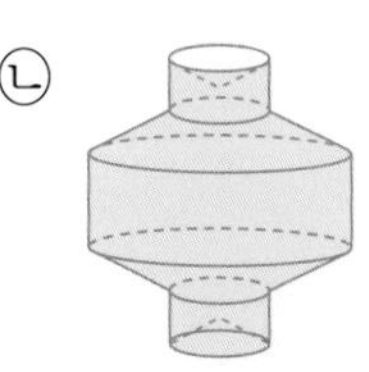

ㄷ

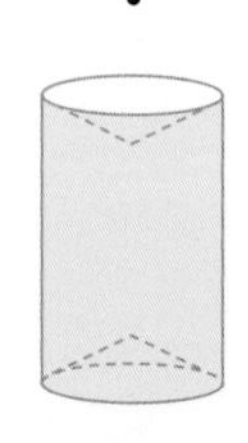

ㄹ

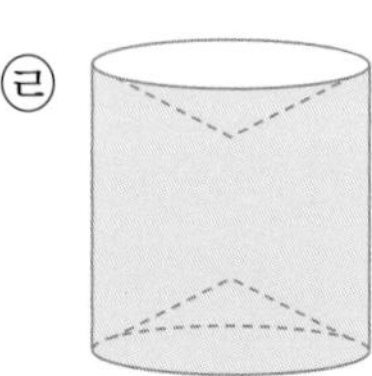

3 두 개의 평면도형을 그림과 같이 회전축의 양쪽에 붙인 다음, 회전축을 중심으로 회전시켰을 때, 회전체의 모양을 그리시오.

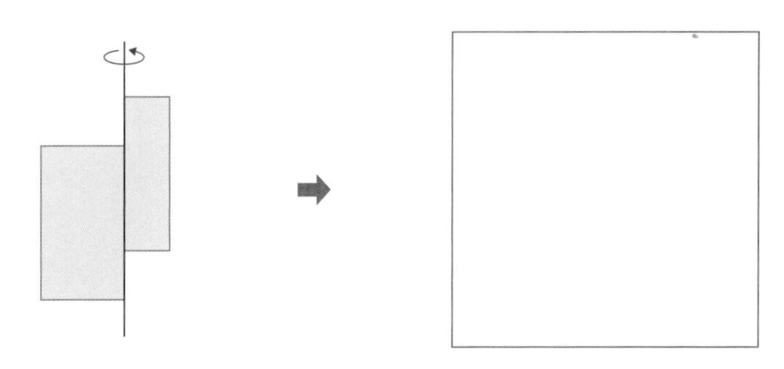

4 둘레가 12cm인 직사각형을 그림과 같이 회전시켜서 원기둥을 만들 때, 이 원기둥의 겉넓이가 가장 클 때의 겉넓이를 구하시오. (단, 가로와 세로의 길이는 모두 자연수입니다.)

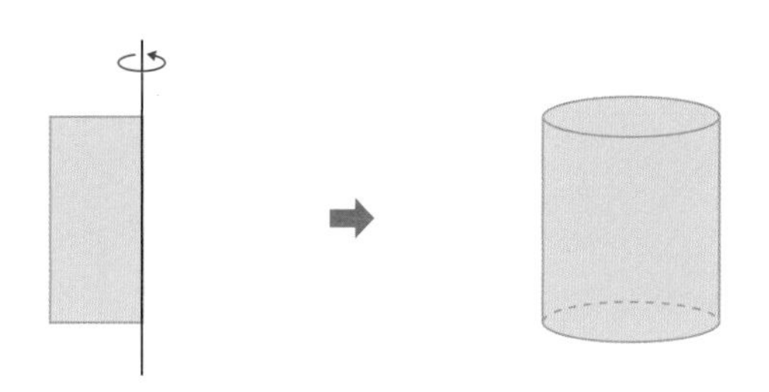

Memo

IX 경우의 수

경우의 수

10 확률

개념학습 경우의 수

① 어떤 일이 일어날 수 있는 모든 경우의 가짓수를 경우의 수라고 합니다.

예 가위바위보를 할 때 한 사람이 낼 수 있는 경우의 수 구하기

가위	바위	보

➡ 낼 수 있는 경우: 가위, 바위, 보

경우의 수: 3

② 모든 경우의 수에 대한 어떤 사건이 일어날 경우의 수의 비율을 확률이라고 합니다.

$$(\text{확률})=\frac{(\text{어떤 사건이 일어날 경우의 수})}{(\text{모든 경우의 수})}$$

예제 오른쪽 그림과 같은 회전판이 있습니다. 화살표를 돌리다가 멈추게 할 때, 화살표가 가리키는 경우의 수를 구하시오. (단, 바늘이 경계 부분을 가리키는 경우는 생각하지 않습니다.)

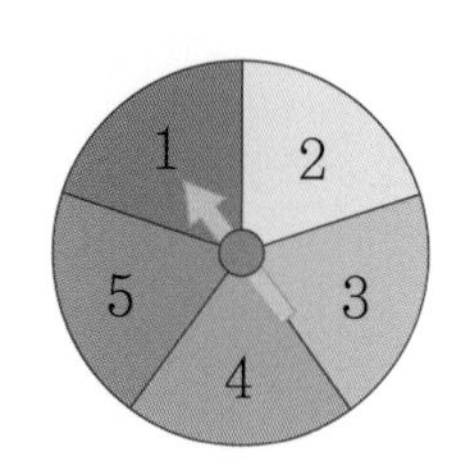

강의노트

① 회전판에는 숫자 1, 2, ☐, ☐, ☐가 있습니다.

② 화살표가 숫자를 가리키는 경우는 ☐, ☐, ☐, ☐, ☐의 5가지이므로 화살표가 가리키는 경우의 수는 ☐입니다.

유제 주사위 한 개를 던질 때, 주사위의 눈이 3이 나올 확률을 구하시오.

개념학습

곱의 법칙(두 가지 사건이 동시에 일어나는 경우)

두 사건 A, B가 동시에 일어나는 경우, 사건 A가 일어나는 경우가 a가지이고, 그 각각에 대하여 사건 B가 일어나는 경우가 b가지일 때, 전체 경우의 수는 각 사건이 일어나는 경우의 수를 곱하면 됩니다.

(두 사건 A, B가 동시에 일어나는 모든 경우의 수)$=a\times b$

한 개의 동전을 던질 때 나올 수 있는 면은 그림면, 숫자면의 2가지이고, 한 개의 주사위를 던질 때 나올 수 있는 눈은 1, 2, 3, 4, 5, 6의 6가지입니다.
따라서 곱의 법칙에 의하여 나올 수 있는 모든 경우는 2×6=12(가지)입니다.

예제 A 마을에서 B 마을로 가는 길은 3가지, B 마을에서 C 마을로 가는 길은 2가지가 있습니다. A 마을에서 B 마을을 거쳐 C 마을로 가는 길은 모두 몇 가지입니까?

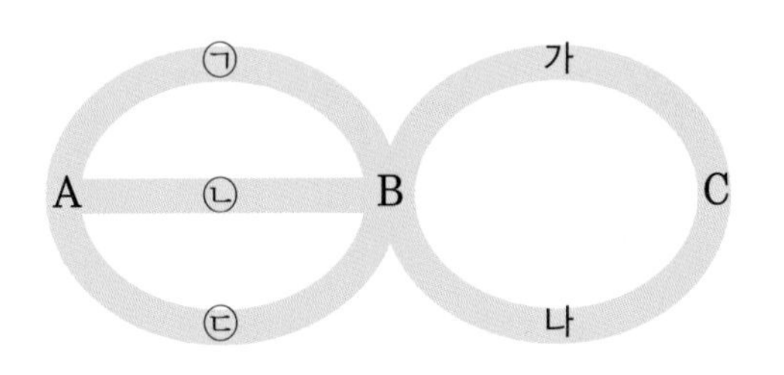

강의노트

① A 마을에서 C 마을까지 ㉠ 길을 반드시 거쳐서 가는 방법은 (㉠, 가), (㉠, 나)의 ☐가지입니다.

② A 마을에서 C 마을까지 ㉡ 길을 반드시 거쳐서 가는 방법은 (㉡, 가), (㉡, 나)의 ☐가지입니다.

③ A 마을에서 C 마을까지 ㉢ 길을 반드시 거쳐서 가는 방법은 (㉢, 가), (㉢, 나)의 ☐가지입니다.

④ A 마을에서 B 마을로 가는 방법은 3가지이고, 그 각각에 대하여 B 마을에서 C 마을로 가는 방법은 2가지이므로 A 마을에서 B 마을을 거쳐 C 마을로 가는 길의 가짓수는 곱의 법칙에 의하여
☐×☐=☐(가지)입니다.

유형 10-1 순서가 있는 경우의 수

다음 4장의 숫자 카드 중에서 3장을 뽑아 세 자리 수를 만들려고 합니다. 세 자리 수를 만들 수 있는 모든 경우의 수를 구하시오.

0 3 5 7

1 주어진 4장의 숫자 카드 중 백의 자리에 올 수 있는 숫자를 모두 써 보시오.

2 백의 자리에 3 을 놓았을 때, 만들 수 있는 세 자리 수를 모두 쓰시오.

3 백의 자리에 5 를 놓았을 때, 만들 수 있는 세 자리 수를 모두 쓰시오.

4 백의 자리에 7 을 놓았을 때, 만들 수 있는 세 자리 수를 모두 쓰시오.

5 세 자리 수를 만들 수 있는 모든 경우의 수는 얼마입니까?

1 지수, 승주, 현아, 영철 4명의 후보자 중에서 반장, 부반장을 한 명씩 뽑을 때, □ 안에 알맞은 이름을 써넣고, 승주가 반장 또는 부반장으로 뽑히는 경우의 수를 구하시오.

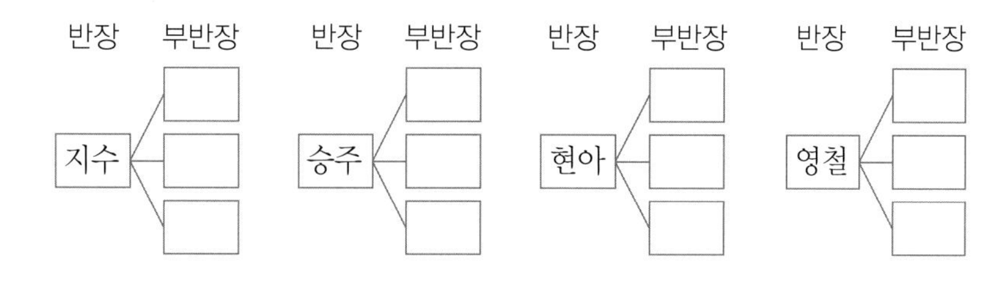

2 상자 속에 빨간색, 주황색, 노란색, 초록색 구슬이 한 개씩 들어 있습니다. 4개의 구슬을 한 개씩 차례대로 꺼낼 때, 나오는 순서의 경우의 수를 구하시오.

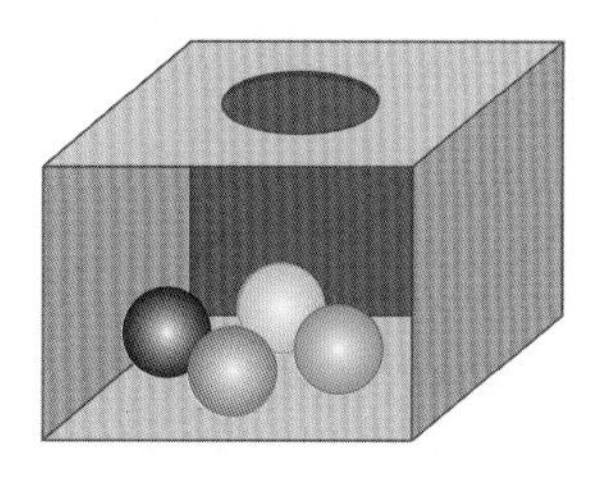

Key Point

나뭇가지 그림을 이용하여 경우의 수를 알아봅니다.

나뭇가지 그림을 그려, 첫째 번 구슬이 빨간색, 주황색, 노란색, 초록색인 경우를 각각 알아봅니다.

유형 10-2 동시에 일어날 확률

비가 온 다음 날 비가 올 확률은 $\frac{1}{4}$이고, 비가 오지 않은 다음 날 비가 올 확률은 $\frac{1}{3}$이라고 합니다. 수요일에 비가 왔을 때, 이틀 후인 금요일에도 비가 올 확률을 구하시오.

1 비가 온 다음 날 비가 올 확률을 이용하여 비가 온 다음 날 비가 오지 않을 확률을 구하시오.

2 어떤 사건 A가 일어날 확률을 a, 사건 B가 일어날 확률을 b라 할 때, 사건 A와 B가 동시에 일어날 확률은 $a \times b$입니다. 위의 경우에 목요일은 비가 올 수도 있고, 오지 않을 수도 있습니다. 다음 표를 완성하여 각각의 확률을 구하시오. (단, 비가 올 경우에는 ○, 비가 오지 않을 경우에는 ×로 표시합니다.)

요일	수요일	목요일	금요일
경우 1	○	○	○
		$\frac{1}{4}$ ×	$\frac{1}{4}$ = □
경우 2	○		○
		□ ×	□ = □

3 **2** 에서 이틀 후인 금요일에도 비가 올 확률을 구하시오.

확인문제

Key Point

월요일과 화요일이 '연속해서' 맑을 확률은 월요일과 화요일이 '동시에' 맑을 확률과 같은 뜻입니다.

1 일기예보에서 월요일에 맑을 확률은 20%, 화요일에 맑을 확률은 60%라고 합니다. 월요일과 화요일에 연속해서 맑을 확률을 구하시오.

10일에 이긴 경우와 진 경우로 나누어서 생각해 봅니다.

2 진수는 매일 친구와 함께 농구 시합을 하는데 이긴 날의 다음 날 이길 확률이 $\frac{1}{2}$, 진 날의 다음 날 이길 확률이 $\frac{1}{3}$이라고 합니다. 진수가 3월 9일에 이겼을 때, 3월 11일에 이길 확률을 구하시오.

창의사고력 다지기

1 미애가 어떤 말을 할 때, 그 말이 참말일 가능성은 |보기|와 같습니다. 미애가 "나는 다음 주에 바다로 여행을 갈지는 모르겠지만, 가면 수영은 안 하겠다."라고 말했을 때, 그 말이 참일 가능성은 얼마입니까?

보기

□□한다.: 90%
□□하도록 노력할 것이다.: 75%
□□할지 모르겠다.: 50%
□□안 하겠다.: 20%

2 A에서 B를 거쳐 C까지 가장 가까운 길로 가는 방법은 모두 몇 가지입니까?

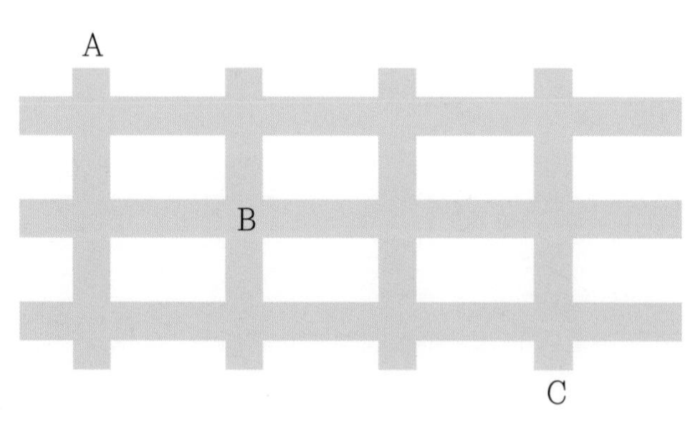

3 서로 다른 2개의 주사위를 동시에 던졌을 때, 나올 수 있는 두 눈의 수의 합이 3 이상 7 이하인 경우에 ◯표 하고, 그 확률을 구하시오.

6	(1, 6)	(2, 6)	(3, 6)	(4, 6)	(5, 6)	(6, 6)
5	(1, 5)	(2, 5)	(3, 5)	(4, 5)	(5, 5)	(6, 5)
4	(1, 4)	(2, 4)	(3, 4)	(4, 4)	(5, 4)	(6, 4)
3	(1, 3)	(2, 3)	(3, 3)	(4, 3)	(5, 3)	(6, 3)
2	(1, 2)	(2, 2)	(3, 2)	(4, 2)	(5, 2)	(6, 2)
1	(1, 1)	(2, 1)	(3, 1)	(4, 1)	(5, 1)	(6, 1)
	1	2	3	4	5	6

4 이번 주 목요일은 소풍을 가는 날입니다. 그 날의 날씨가 궁금하여 지난 1년간의 날씨를 분석해 보니 비 오지 않은 다음 날 비 오지 않을 확률은 $\frac{3}{4}$이고, 비 온 다음 날 비 오지 않을 확률은 $\frac{1}{3}$이라고 합니다. 이번 주 화요일에 비가 오지 않았다면 소풍을 가는 목요일에 비가 오지 않을 확률을 구하시오.

11 공정한 게임

개념학습 공정한 게임

어느 주사위 게임에서 참가비를 낸 뒤, 주사위를 던져서 나온 눈의 100배만큼의 상금을 받습니다.
주사위를 던져 나올 수 있는 경우는 1, 2, 3, 4, 5, 6이므로 각각의 경우에 받는 상금은 100원, 200원, 300원, 400원, 500원, 600원입니다.
주사위의 눈이 1에서 6까지 나올 가능성은 모두 같고, 상금의 평균은 (100+200+300+400+500+600)÷6=350(원)이므로 참가비는 350원으로 하는 것이 공정합니다.
이와 같이 게임에 참가했을 때, 게임에 참가하여 내는 돈과 얻게 되는 돈이 같은 경우 공정한 게임이라고 할 수 있습니다.

예제 1에서 8까지의 숫자를 써넣은 회전판이 있습니다. 이 회전판을 돌려 |보기|와 같이 화살표가 멈춘 칸에 쓰인 숫자의 1000배를 상금으로 받는 게임을 하려고 합니다. 회전판을 한 번 돌릴 때마다 참가비로 얼마를 내야 공정한 게임이 됩니까?

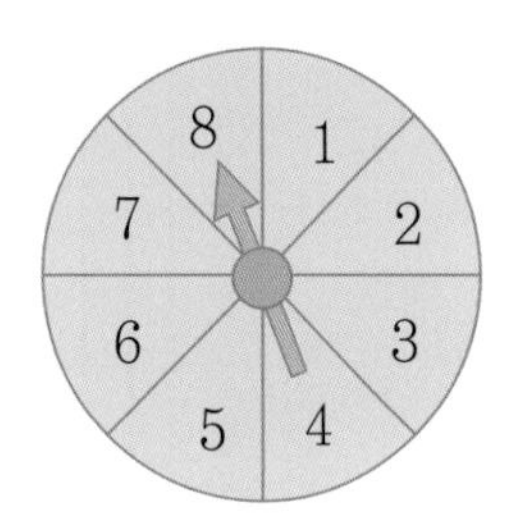

보기
- 화살표가 멈춘 칸의 숫자: 1 ➡ 1000원
- 화살표가 멈춘 칸의 숫자: 2 ➡ 2000원

⋮

- 화살표가 멈춘 칸의 숫자: 8 ➡ 8000원

강의노트

① 회전판을 돌려 나올 수 있는 모든 경우는 □가지이고, 1, 2, 3, 4, 5, 6, 7, 8의 각각의 경우에 받는 상금은 1000원, 2000원, 3000원, □원, □원, □원, □원, □원입니다.

② 회전판을 돌려 1에서 8까지 나올 가능성은 모두 같고, 받을 수 있는 금액의 평균은 (1000+2000+3000+4000+5000+6000+7000+8000)÷□=□(원)입니다.

③ 따라서 회전판을 한 번 돌릴 때마다 참가비로 □원씩 내면 공정한 게임이 됩니다.

개념학습 **기댓값**

각 사건이 일어났을 때의 이익과 그 사건이 일어날 확률을 곱한 것을 기댓값이라고 합니다. 우리의 주변에서 기댓값과 관련이 깊은 것 중 하나는 복권입니다.

$(\text{복권 한 장의 기댓값}) = \dfrac{(\text{당첨금의 총액})}{(\text{복권의 수})}$

이때, 복권 1장의 가격과 복권의 기댓값이 같아야 공정하다고 할 수 있습니다.

예제 각 복권에 00, 01, 02, ⋯, 98, 99와 같이 서로 다른 번호가 쓰여 있는 복권 100장이 있습니다. 추첨을 통해 이 복권의 당첨금이 다음과 같이 주어질 때, 이 복권 한 장의 가치는 얼마인지 구하시오.

당첨금 지급 방법

- 100장의 복권 중 하나의 당첨 번호를 고릅니다.
- 당첨 번호와 복권 번호 두 자리의 번호가 일치하면 10만 원을 받습니다.
- 당첨 번호와 복권 번호가 한 자리만 일치하면 만 원을 받습니다.

예 당첨 번호가 70일 경우

복권 번호: 70 ➡ 당첨금: 10만 원
복권 번호: 71 ➡ 당첨금: 만 원
복권 번호: 10 ➡ 당첨금: 만 원
복권 번호: 07 ➡ 당첨금: 없음

강의노트

① 당첨 번호와 복권 번호가 일치하는 것은 100장의 복권 중에서 단 1장뿐이므로 두 자리의 번호가 일치하는 경우는 1명으로 당첨금은 ☐만 원입니다.

② 당첨 번호와 복권 번호의 일의 자리만 같은 경우는 일의 자리가 같은 10장 중에서 1등인 경우를 제외한 ☐장으로 당첨금은 ☐×1(만 원)=☐(만 원)입니다.

③ 당첨 번호와 복권 번호의 십의 자리만 같은 경우는 십의 자리가 같은 10장 중에서 1등인 경우를 제외한 ☐장으로 당첨금은 ☐×1(만 원)=☐(만 원)입니다.

④ 따라서 총 당첨금은 10+9+9=☐(만 원)이고 복권은 100장이므로 복권 한 장의 가치는 ☐÷100=☐(원)입니다.

유형 11-1 공정한 주사위 게임

미진이와 윤호는 주사위 던지기 게임을 하려고 합니다. 이 게임은 두 사람이 각각 주사위를 한 개씩 던져서 두 주사위의 눈의 수의 합이 5이면 미진이가 이기고, 8이면 윤호가 이기는 게임입니다. 이 게임은 미진이와 윤호 중 누구에게 더 유리한 게임입니까?

1 두 사람이 주사위를 각각 던져서 나온 눈의 수의 합이 될 수 있는 모든 경우를 찾아 다음 표를 완성하시오.

미진 / 윤호	1	2	3	4	5	6
1	2	3				
2						
3						
4						
5						
6						

2 **1**에서 주사위의 눈의 수의 합이 5인 경우와 8인 경우는 각각 몇 가지입니까?

3 이 게임은 누구에게 유리합니까? 또, 이 게임은 공정하다고 할 수 있습니까?

4 2에서 12까지의 수 중에서 하나를 선택한 후, 2개의 주사위를 던져 나온 눈의 수의 합이 선택한 수가 되면 이기는 게임을 하려고 합니다. 어떤 수를 선택하는 것이 유리합니까?

확인문제

Key Point

1 윤주와 승희는 주사위 2개를 던져, 10개의 구슬을 나누어 가지려고 합니다. 주사위 2개의 눈의 곱이 홀수이면 윤주가, 짝수이면 승희가 구슬을 1개 가지기로 하였습니다. 이 게임은 공정합니까? 공정하지 않다면 누구에게 더 유리한 게임입니까?

2개의 주사위를 던져서 나온 두 눈의 수의 곱이 될 수 있는 경우를 표로 만들어 봅니다.

2 상자 안에 빨간색 카드 2장, 파란색 카드 1장이 들어 있습니다. 상자 안을 보지 않고 2장의 카드를 꺼냈을 때, 2장의 카드의 색깔이 같을 가능성과 다를 가능성 중 어느 쪽이 더 높습니까? 또, 이 게임을 공정한 게임으로 만들기 위해서는 어느 색 카드를 한 장 더 넣어야 합니까?

빨간색 카드 2장을 A, B라고 하고, 파란색 카드 1장을 a라고 할 때, 상자 안에서 카드를 꺼낼 수 있는 모든 경우를 알아봅니다.

유형 11-2 공정한 분배

은정이와 성환이가 구슬을 8개씩 걸고, 다음과 같은 |규칙|에 따라 게임을 하고 있습니다.

규칙

- 주사위를 던져서 홀수가 나오면 은정이가 10점을 얻습니다.
- 주사위를 던져서 짝수가 나오면 성환이가 10점을 얻습니다.
- 먼저 30점을 얻은 사람이 승리하여 16개의 구슬을 모두 가져갑니다.

지금까지 주사위를 던진 결과, 홀수만 2번 나와 은정이는 20점, 성환이는 0점을 얻었는데 주사위를 잃어버려서 게임을 중지해야 합니다. 16개의 구슬을 어떻게 나누는 것이 공정합니까?

1 게임을 계속 진행하여 주사위를 다섯째 번까지 모두 던질 때, 나올 수 있는 경우를 모두 쓰시오.

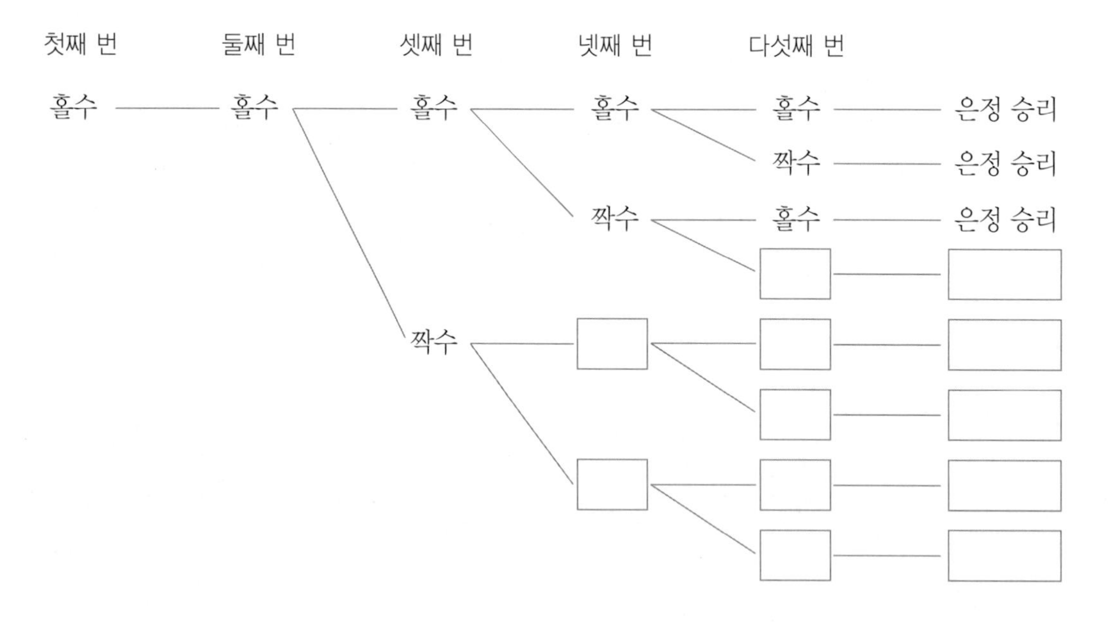

2 **1** 의 서로 다른 8가지 경우 중에서 은정이가 이기는 경우와 성환이가 이기는 경우는 각각 몇 가지입니까?

3 구슬 16개를 어떻게 나누는 것이 공정합니까?

1 진이와 수정이는 600원씩을 걸고, 다음과 같은 |규칙|에 따라 게임을 하고 있습니다.

> 규칙
> - 동전을 던져 숫자면이 나오면 진이가 1점을 얻습니다.
> - 동전을 던져 그림면이 나오면 수정이가 1점을 얻습니다.
> - 먼저 3점을 얻은 사람이 게임에 건 1200원을 모두 가져갑니다.

숫자면이 2번 나와 진이가 2점을 얻고 그림면이 1번 나와 수정이가 1점을 얻었을 때, 갑자기 게임을 중지해야 합니다. 두 사람은 어떻게 돈을 나누어 가지는 것이 공정합니까?

Key Point

게임을 계속하여 동전을 넷째 번으로 던졌을 때와 다섯째 번으로 던졌을 때, 동전의 그림면과 숫자면이 나오는 경우를 생각해 봅니다.

2 A와 B가 동전 게임을 하려고 합니다. A는 동전 1개를, B는 동전 2개를 던져서 숫자면이 나온 동전의 개수가 더 많은 사람이 이길 때, 이 게임은 A와 B 중 누구에게 더 유리한 게임입니까? (단, A가 던지는 동전의 개수가 적어서 불리한 점을 감안하여 숫자면인 동전의 개수가 같은 경우에는 A가 이긴 것으로 합니다.)

모든 8가지의 경우 중에서 A가 이기는 경우를 알아봅니다.

창의사고력 다지기

1 신영이와 하늘이는 다음과 같은 정육각형 모양의 회전판을 돌려 게임을 하고 있습니다. 참가비를 500원씩 낸 다음, 회전판을 돌려 화살표가 멈춘 칸에 쓰인 수의 100배만큼의 돈을 받습니다. 예를 들어, 2에서 멈추면 200원을, 4에서 멈추면 400원을, 10에서 멈추면 1000원을 받습니다. 이 게임은 공정한 게임인지 아닌지 답하고, 그렇게 생각한 이유를 설명하시오.

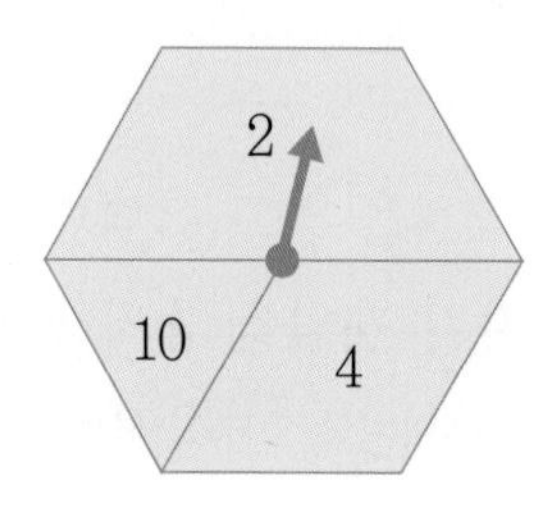

2 A와 B가 금화 12개씩을 걸고, 다음과 같은 |규칙|에 따라 게임을 하고 있습니다.

> 규칙
> - 동전을 던져서 숫자면이 2번 먼저 나오면 A가 이깁니다.
> - 동전을 던져서 그림면이 2번 먼저 나오면 B가 이깁니다.
> - 먼저 2번을 이긴 사람이 게임에 건 금화 24개를 모두 가져갑니다.

지금까지 A가 1번 이기고, B는 한 번도 이기지 못한 상태에서 게임을 갑자기 중지해야 합니다. 금화 24개를 어떻게 나누어 가지는 것이 가장 합리적입니까?

3 주머니 안에 검은색 바둑돌 1개와 흰색 바둑돌 3개가 들어 있을 때, 주머니 안을 보지 않고 2개의 바둑돌을 꺼내어 2개의 바둑돌의 색이 같으면 1500원을 받는 게임을 하려고 합니다. 이 게임의 참가비로 얼마를 내는 것이 공정합니까?

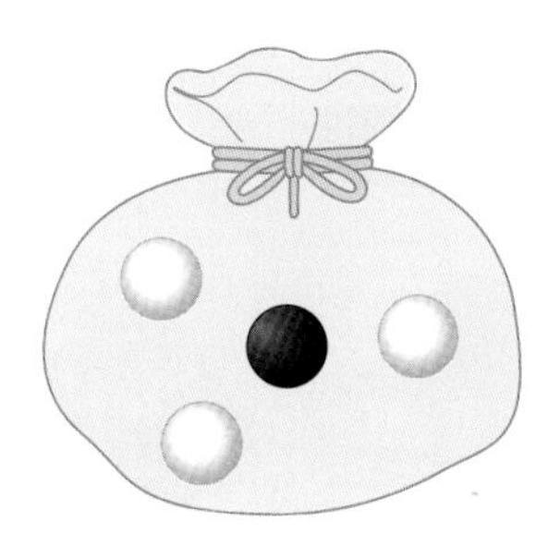

4 1에서 100까지의 수가 적힌 100개의 구슬을 100명의 사람들에게 한 개씩 나누어 주었습니다. 1에서 100까지의 수 중에서 하나의 수를 골라서 그 수가 적힌 구슬을 가진 사람에게만 3만 원을 준다면, 이 구슬 한 개의 가치는 얼마입니까?

12 색칠하기

개념학습 지도 색칠하는 방법

오른쪽 그림의 영역을 빨강, 파랑, 주황 세 가지 색으로 구분하는 방법은 다음과 같이 모두 6가지가 있습니다.

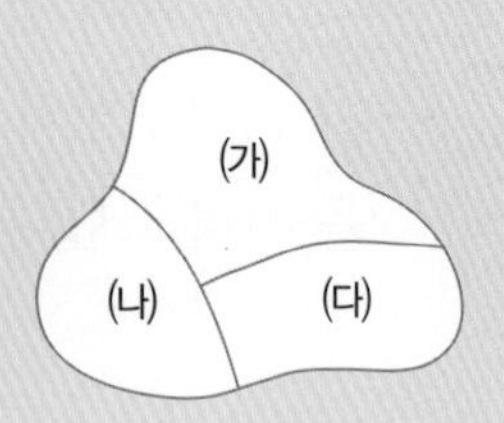

위의 영역을 구분하는 방법의 수는 직접 색칠하지 않아도 다음과 같이 곱의 법칙을 이용하여 구할 수 있습니다.

(가)에 색칠할 수 있는 가짓수	×	(나)에 색칠할 수 있는 가짓수	×	(다)에 색칠할 수 있는 가짓수

(가)에 칠할 수 있는 색깔의 수: 3가지(빨강, 파랑, 주황)
(나)에 칠할 수 있는 색깔의 수: 2가지(이웃해 있는 (가)에 사용한 색깔을 제외)
(다)에 칠할 수 있는 색깔의 수: 1가지(이웃해 있는 (가)와 (나)에 사용한 색깔을 제외)
따라서 영역을 구분하는 방법의 수는 모두 $3\times2\times1=6$(가지)입니다.

예제 오른쪽 깃발의 나누어진 세 부분에 빨강, 주황, 노랑 세 가지 색을 칠하여 여러 가지 다른 종류의 깃발을 만들려고 합니다. 이때, 반드시 모든 색을 다 사용할 필요는 없고 이웃한 부분에는 서로 다른 색을 칠해야 한다면 만들 수 있는 서로 다른 깃발은 모두 몇 가지입니까?

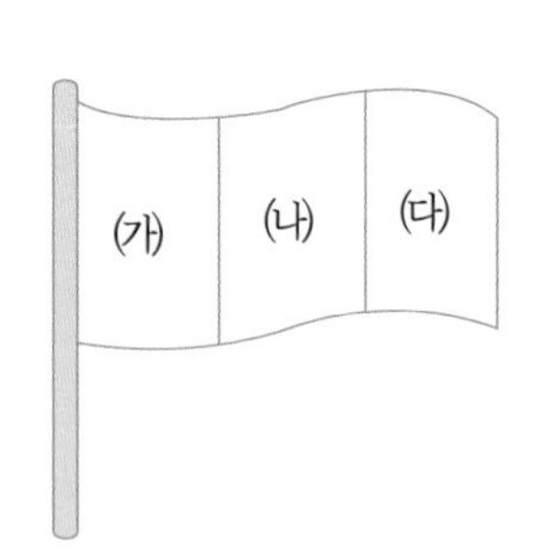

강의노트

① (가)에 칠할 수 있는 색은 3가지입니다.
② (나)에 칠할 수 있는 색은 (가)에 칠한 색을 제외한 □가지입니다.
③ (다)에 칠할 수 있는 색은 □에 칠한 색을 제외한 □가지입니다.
④ 따라서 만들 수 있는 서로 다른 깃발은 모두 3×□×□=□(가지)입니다.

개념학습 **4색정리**

아무리 복잡한 지도라도 4가지 색만 있으면 반드시 이웃한 영역을 서로 다른 색으로 색칠할 수 있다는 것을 4색정리라고 합니다. 이것은 영국의 프랜시스 구트리에(Francis Guthrie)가 영국의 지도에 있는 지역들을 구별하는 데 4가지 색이면 충분하다는 사실에서 발견하였습니다.

다음은 마틴 가드너가 4색 문제에 관해서 만우절에 내 놓은 농담을 스탠 왜건이 반박한 것입니다.

가드너: 각 영역을 구별하려면 5가지 색이 필요해!

왜건: 그렇지 않아. 4가지 색으로도 충분히 구별할 수 있어!

예제 오른쪽 그림에서 선으로 연결된 이웃한 원끼리 서로 다른 색을 칠하려고 합니다. 필요한 색깔은 최소 몇 가지입니까?

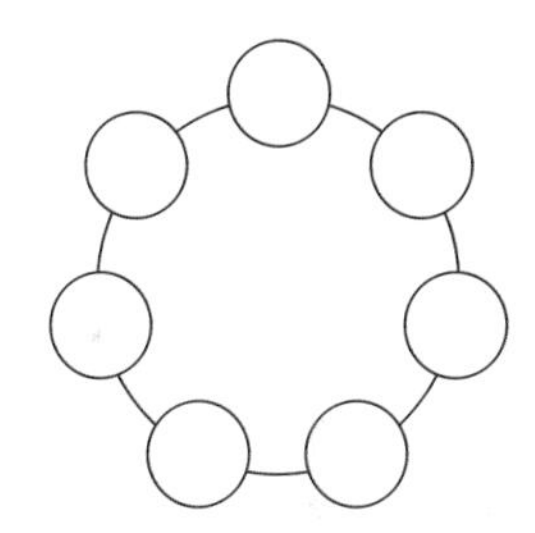

강의노트

① 서로 다른 색을 각각 1, 2, 3이라고 합니다. 오른쪽 그림에서 ㉠ 옆에는 색 2가 칠해져 있으므로 색 2와 다른 색을 칠해야 합니다. 이때, ㉠은 색 1을 칠한 원과는 이웃하지 않으므로 색 ☐을 칠하면 됩니다.

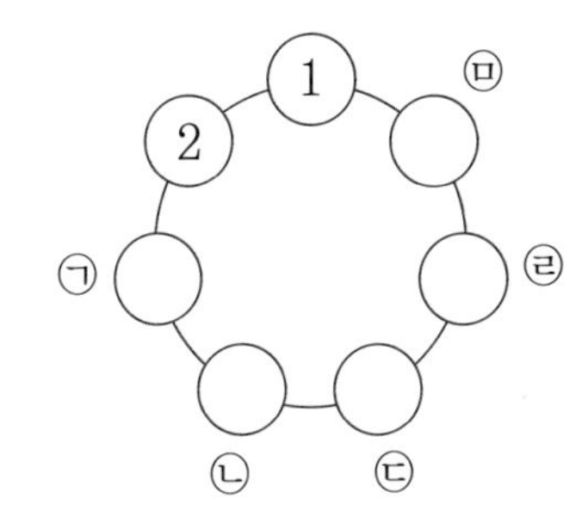

② 이와 같은 방법으로 최소의 색깔을 사용하도록 ㉡, ㉢, ㉣에 차례대로 알맞은 색을 적으면 다음과 같습니다.

㉡ – 색 ☐, ㉢ – 색 ☐, ㉣ – 색 ☐

③ ㉤과 이웃한 원에는 각각 색 1과 색 ☐가 칠해져 있으므로 다른 색인 색 3을 칠해야 합니다.

④ 따라서 이웃한 원을 서로 다른 색으로 칠하기 위해 필요한 색깔은 최소 ☐가지입니다.

유형 12-1 색칠하는 방법의 수

다음 달팽이의 ㉠, ㉡, ㉢, ㉣, ㉤ 다섯 부분에 4가지 서로 다른 색을 사용하여 색칠하려고 합니다. 이때, 모든 색을 다 사용할 필요는 없고 이웃한 부분에는 서로 다른 색을 칠해야 한다면, 달팽이를 색칠하는 서로 다른 방법은 모두 몇 가지입니까?

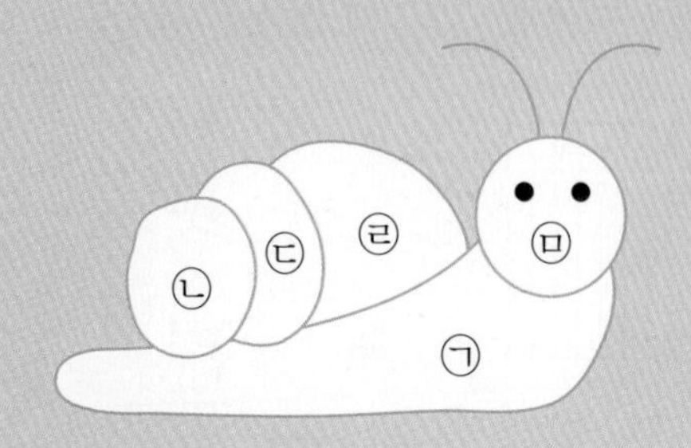

1 달팽이의 각 부분을 ㉠, ㉡, ㉢, ㉣, ㉤의 순서로 색칠할 때, □ 안에 알맞은 수를 써넣으시오.

① ㉠에 칠할 수 있는 색은 4가지입니다.
② ㉡은 이미 색칠한 ㉠과 이웃해 있으므로 ㉡에 칠할 수 있는 색은 ㉠에 칠한 색을 제외한 3가지입니다.
③ ㉢은 이미 색칠한 ㉠과 ㉡에 이웃해 있으므로 ㉢에 칠할 수 있는 색은 □가지입니다.

2 ㉣은 이미 색칠한 ㉠과 ㉢에 이웃해 있습니다. ㉣에 칠할 수 있는 색은 몇 가지입니까?

3 ㉤에 칠할 수 있는 색은 몇 가지입니까?

4 곱의 법칙을 이용하여 달팽이를 색칠할 수 있는 방법의 가짓수를 구하시오.

확인문제

1 눈사람의 ㉠, ㉡, ㉢, ㉣ 네 부분을 4가지 색을 사용하여 구분하려고 합니다. 이때, 모든 색을 다 사용할 필요는 없고, 이웃한 부분에는 서로 다른 색을 칠해야 한다면, 색칠하는 서로 다른 방법은 모두 몇 가지입니까?

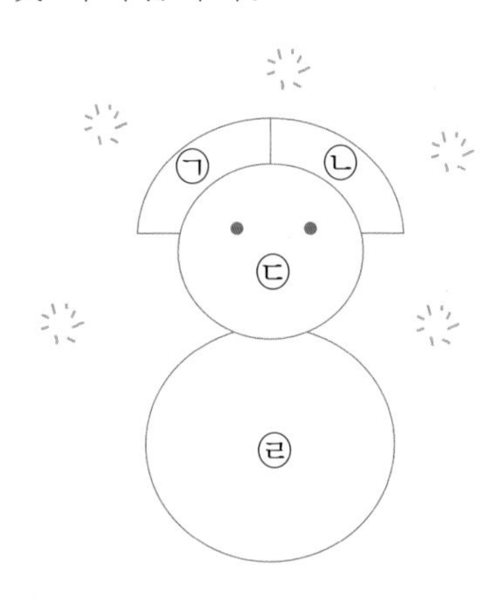

Key Point

㉠, ㉡, ㉢, ㉣의 각 부분에 칠할 수 있는 색의 가짓수를 구한 후, 곱의 법칙을 이용합니다.

2 빨강, 노랑, 파랑 3가지의 색을 사용하여 5개의 부분으로 나누어진 편지봉투를 색칠하려고 합니다. 이때, 모든 색을 다 사용할 필요는 없고, 이웃한 부분에는 서로 다른 색을 칠해야 한다면, 색칠하는 서로 다른 방법은 모두 몇 가지입니까?

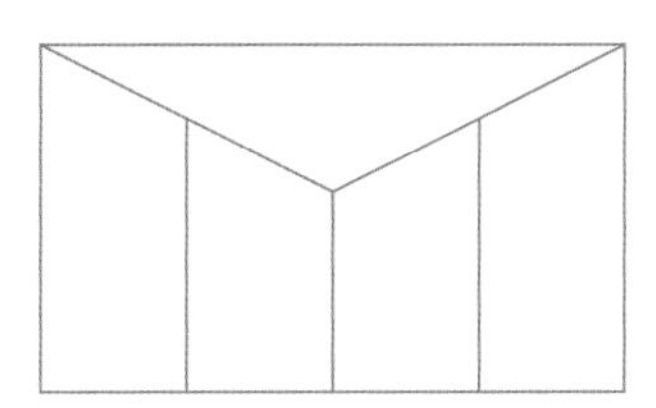

먼저 5부분에 각각 칠할 수 있는 색의 가짓수를 구합니다.

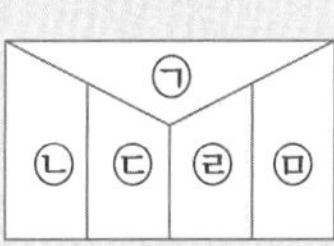

유형 12-2 입체도형 색칠하기

다음과 같은 정육면체의 각 면을 빨간색 또는 파란색으로 칠하려고 합니다. 정육면체를 돌려서 같은 모양이 나오면 한 가지로 생각할 때, 색칠할 수 있는 서로 다른 방법은 모두 몇 가지입니까?

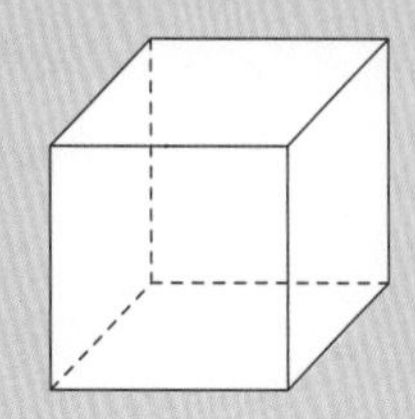

1 정육면체의 여섯 면 중 빨간색이 칠해진 면의 개수가 0, 1, 2, 3, 4, 5, 6개일 때로 나누어 생각해 봅니다. 빨간색을 한 면에도 칠하지 않는 방법과 여섯 면에 모두 칠하는 방법은 각각 몇 가지입니까?

2 빨간색을 한 면에 칠하는 방법과 다섯 면에 칠하는 방법은 각각 몇 가지입니까?

3 정육면체를 돌렸을 때 같은 모양은 한 가지로 본다면 빨간색을 두 면에 칠하는 방법은 다음과 같이 두 가지가 있습니다. 다음 그림에 한 면을 더 색칠하여 빨간색을 세 면에 칠하는 방법의 가짓수를 구하시오.

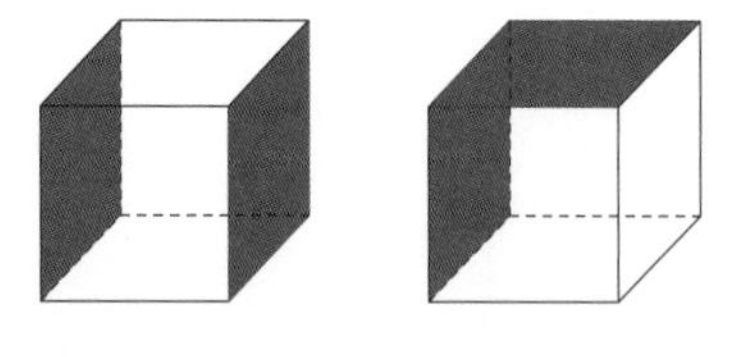

4 다음 표를 완성하여 정육면체를 빨간색 또는 파란색으로 칠할 수 있는 방법은 모두 몇 가지인지 구하시오.

빨간색이 칠해진 면의 수	0개	1개	2개	3개	4개	5개	6개
가짓수			2				

확인문제

1 다음 4개의 면으로 이루어진 정사면체의 각 면을 보라색 또는 초록색으로 색칠하려고 합니다. 정사면체를 돌려서 같은 모양이 나오면 한 가지로 생각할 때, 색칠할 수 있는 서로 다른 방법은 모두 몇 가지입니까?

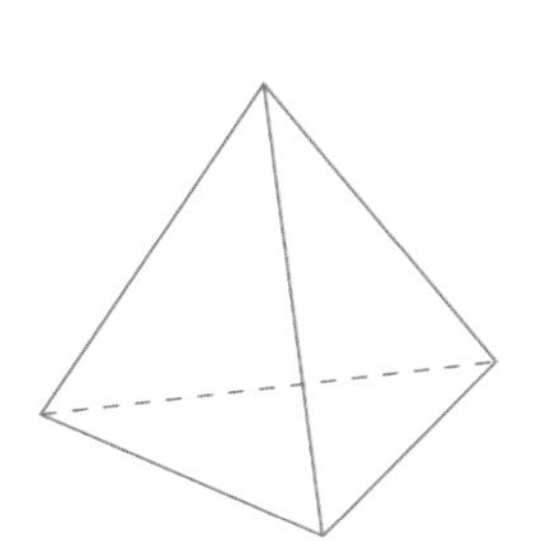

Key Point

보라색이 칠해진 면의 개수가 0, 1, 2, 3, 4개일 때로 나누어 생각해 봅니다.

2 다음과 같이 정사각형 5개로 이루어진 도형에 흰색 또는 검은색으로 색칠하려고 합니다. 색칠할 수 있는 서로 다른 방법은 모두 몇 가지입니까? (단, 돌리거나 뒤집어서 같은 모양은 한 가지로 봅니다.)

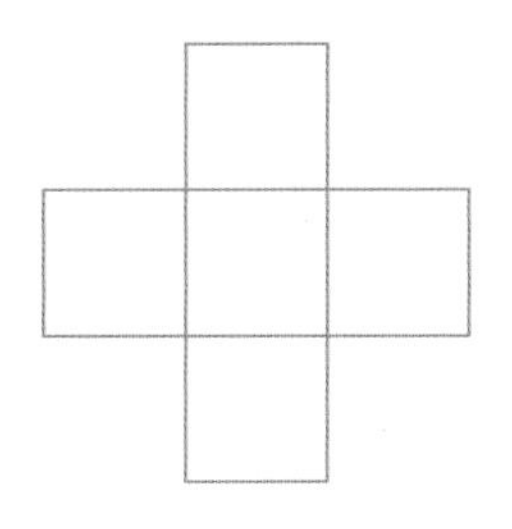

검은색이 칠해진 정사각형의 개수가 0, 1, 2, 3, 4, 5개일 때로 나누어 생각해 봅니다.
2개의 정사각형에 검은색을 칠할 수 있는 방법은 다음의 3가지입니다.

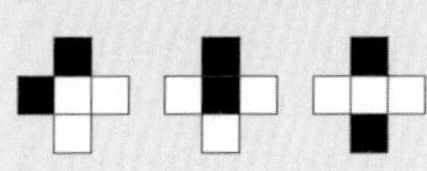

창의사고력 다지기

1 빨강, 파랑, 노랑, 초록 4가지 색을 사용하여 다음 사탕 모양의 가, 나, 다, 라 영역을 구분하려고 합니다. 색칠할 수 있는 방법은 모두 몇 가지입니까?

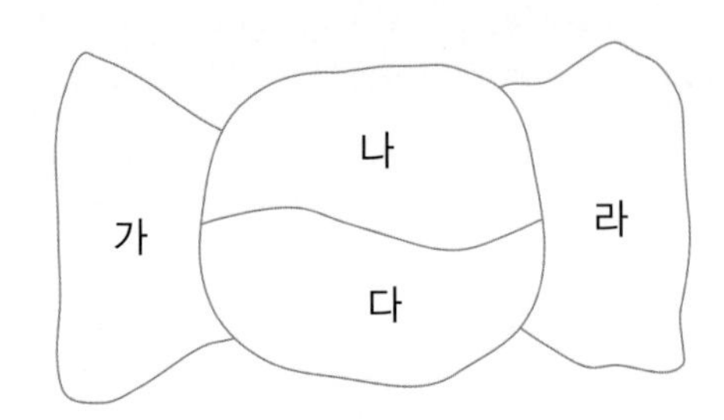

2 다음 지도에서 이웃하는 영역을 서로 다른 색으로 색칠하여 구분하려고 합니다. 필요한 색깔은 최소 몇 가지입니까?

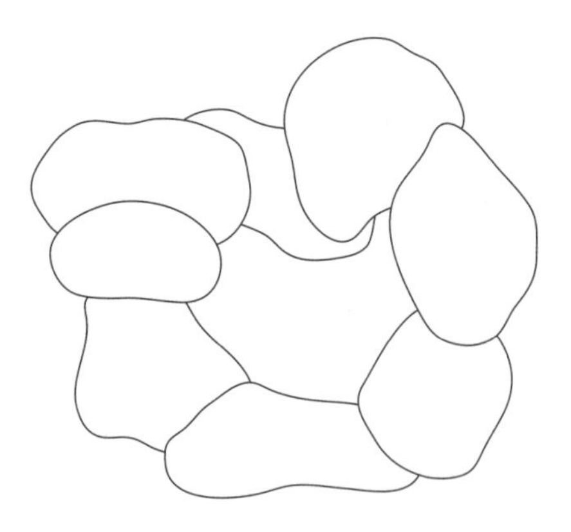

3 다음과 같이 4개의 부분으로 나누어진 과녁을 3가지의 색으로 색칠하려고 합니다. 이때, 모든 색을 다 사용할 필요는 없고, 이웃한 부분에는 서로 다른 색을 칠해야 한다면, 색칠하는 서로 다른 방법은 모두 몇 가지입니까?

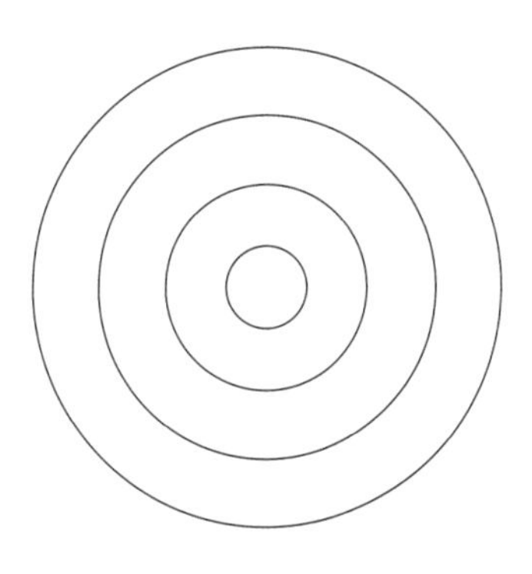

4 다음과 같이 정사각형 4개로 이루어진 도형을 검은색 또는 흰색으로 색칠하려고 합니다. 색칠할 수 있는 서로 다른 방법은 모두 몇 가지입니까? (단, 돌리거나 뒤집어서 같은 모양은 한 가지로 봅니다.)

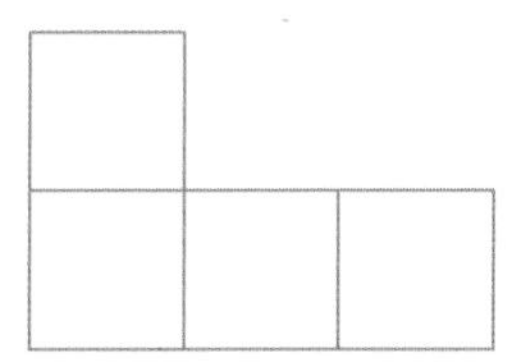

Memo

X 규칙과 문제해결력

규칙과 문제해결력

13 일과 효율

개념학습 일의 효율

- 전체 일의 양은 1이고, A 혼자서 이 일을 하는 데 ▲일, B 혼자서 하는 데 ■일이 걸린다고 할 때, A가 하루에 할 수 있는 일의 양은 $1 \div ▲ = \frac{1}{▲}$, B가 하루에 할 수 있는 일의 양은 $1 \div ■ = \frac{1}{■}$입니다.
- A와 B가 함께 이 일을 하면, 하루에 할 수 있는 일의 양은 $\frac{1}{▲} + \frac{1}{■}$입니다. 따라서 전체의 일을 모두 끝내려면 $1 \div (\frac{1}{▲} + \frac{1}{■})$일이 걸립니다.

예제 재환이가 30일 만에 끝내는 일을 지훈이는 60일이 걸려야 끝낼 수 있다고 합니다. 재환이와 지훈이가 함께 하면 이 일을 며칠 만에 끝낼 수 있습니까?

강의노트

① 전체 일의 양을 1이라고 할 때, 재환이가 전체 일을 모두 끝내는 데 30일 걸리므로 하루에 할 수 있는 일의 양은 1÷□=□이고, 지훈이는 60일 걸리므로 하루에 할 수 있는 일의 양은 1÷□=□입니다.

② 두 사람이 함께 일을 하면 하루에 할 수 있는 일의 양은 □+□=□입니다.

③ 따라서 두 사람이 전체의 일을 모두 끝내는 데 걸리는 시간은 1÷□=□(일)입니다.

유제 길을 고치는 데 A가 혼자 하면 10시간 걸리고, B가 혼자 하면 40시간이 걸립니다. A와 B가 함께 길을 고치면 몇 시간이 걸리겠습니까?

개념학습 **뉴턴산**

목장에서 소가 풀을 먹는 데 걸리는 시간을 구하는 문제는 아이작 뉴턴의 이름을 따서 뉴턴산이라고 합니다.
뉴턴산이 일반적인 문제와 다른 점은 풀이 매일매일 자라고 있다는 가정입니다.
어느 목장에 2마리의 소가 5일 동안 먹을 풀이 있다고 하면, 풀은 매일매일 자라므로 1마리의 소가 10일보다 더 오래 먹을 수 있습니다.
이와 같이 뉴턴산 문제를 해결하기 위해서는 **매일매일 자라는 풀의 양을 알아내야** 합니다.

예제 매일 같은 빠르기로 풀이 자라는 초원이 있습니다. 이 초원의 풀은 소가 8마리라면 6일 만에, 소가 6마리라면 10일 만에 다 먹어 치운다고 합니다. 소 1마리가 1일 동안 먹는 풀의 양을 1이라고 할 때, 이 초원에서 하루 동안 자라는 풀의 양은 얼마입니까? (단, 매일 소가 먹는 풀의 양은 같고, 모든 소가 같은 양의 풀을 먹습니다.)

강의노트

① 소 1마리가 1일 동안 먹는 풀의 양을 1이라고 하면,
소 8마리가 6일 동안 먹는 풀의 양은 $8\times6=\square$이고,
소 6마리가 10일 동안 먹는 풀의 양은 $6\times10=\square$입니다.

② 10일 동안 먹는 풀의 양과 6일 동안 먹는 풀의 양의 차는 4일 동안 자란 풀의 양입니다.
따라서 하루 동안 자라는 풀의 양은 $(\square-\square)\div4=\square$입니다.

유제 예제의 초원의 풀의 양이 일정하게 유지되려면, 초원에 몇 마리의 소를 키워야 합니까?

유형 13-1 일의 효율의 활용

어떤 일을 마치는 데 동원이가 혼자 하면 20일이 걸리고, 우성이가 혼자 하면 30일이 걸립니다. 이 일을 동원이와 우성이가 10일 동안 함께 하다가, 남은 일은 우성이가 혼자서 하기로 했습니다. 전체 일을 마치는 데 모두 며칠이 걸리겠습니까?

1 전체 일의 양을 1이라 할 때, 동원이와 우성이가 하루에 할 수 있는 일의 양을 각각 구하시오.

2 두 사람이 함께 일을 할 때, 하루에 할 수 있는 일의 양은 얼마입니까?

3 두 사람이 함께 10일 동안 한 일의 양은 얼마입니까? 또, 남은 일의 양은 얼마입니까?

4 남은 일을 우성이가 혼자 하면 며칠이 걸립니까? 또, 전체 일을 마치는 데는 며칠이 걸리겠습니까?

확인문제

1 6명이 처음부터 끝까지 함께 일을 하여 도로 공사를 마치는 데 18일이 걸린다고 합니다. 이 일을 처음 4일 동안은 6명이 함께 일을 하다가, 남은 일은 3명만 일해서 끝냈습니다. 이때, 3명만 일을 한 날수는 며칠입니까? (단, 모든 사람이 하루 동안 하는 일의 양은 같습니다.)

Key Point

한 사람이 하루 동안 하는 일의 양을 1이라고 할 때, 전체 일의 양은 $6 \times 18 \times 1 = 108$입니다.

2 울타리에 페인트를 칠하려면 남자 혼자서는 3일, 여자 혼자서는 5일이 걸린다고 합니다. 남자 6명이 5일 동안 칠할 수 있는 일을 남자 3명, 여자 3명이 함께 한다면 일을 시작한 지 며칠째 되는 날에 일을 마치게 됩니까?

전체 일의 양을 1이라고 하면 남자 1명이 1일 동안 할 수 있는 일의 양은 $\frac{1}{3}$이고, 여자 1명이 1일 동안 할 수 있는 일의 양은 $\frac{1}{5}$입니다.

유형 13-2 욕조에 물 받기

2초에 90mL의 물이 나오는 수도꼭지 A와 5초에 190mL의 물이 나오는 수도꼭지 B로 20L의 욕조를 가득 채우려고 합니다. 그런데 욕조의 바닥에는 3초에 9mL씩 물이 새는 구멍이 있다고 합니다. 욕조에 물을 가득 채우는 데 걸리는 시간은 몇 초입니까?

1 수도꼭지 A와 수도꼭지 B에서 1초에 나오는 물의 양을 각각 구하시오.

2 욕조의 바닥에 있는 구멍에서 1초 동안 새어 나가는 물의 양을 구하시오.

3 수도꼭지 A, B에서 1초 동안 나오는 물의 양과 구멍을 통해 1초 동안 새어 나가는 물의 양을 이용하여 1초 동안 욕조에 채워지는 물의 양을 구하시오.

4 20L의 욕조를 채우는 데 걸리는 시간을 구하시오.

Key Point

1분 동안 물통에 채워지는 물의 양을 구합니다.

1 1분에 70mL의 뜨거운 물이 나오는 수도꼭지와 3분에 150mL의 차가운 물이 나오는 수도꼭지를 동시에 틀어 6L들이의 물통에 물을 가득 채우려고 합니다. 물통이 가득 차는 데는 몇 분이 걸리겠습니까?

그릇에 가득 찬 물의 양을 1이라고 할 때, 병아리는 1분에 전체 물의 $\frac{1}{30}$을 마시므로 6분 동안은 전체 물의 $\frac{6}{30}=\frac{1}{5}$을 마십니다.

2 병아리가 그릇에 가득 찬 물을 모두 마시는 데 30분이 걸리고, 강아지는 똑같은 양의 물을 모두 마시는 데 20분이 걸립니다. 그릇에 가득 들어 있는 물을 병아리가 6분 동안 마시고 다른 곳으로 가 버린 후, 강아지가 와서 그릇에 남은 물을 마시기 시작했습니다. 강아지는 몇 분 후에 그릇에 남은 물을 모두 마시게 됩니까?

창의사고력 다지기

1 어떤 일을 끝내는 데 A는 4일, B는 6일, C는 12일이 걸립니다. A, B, C 세 사람이 함께 일을 하면 며칠이 걸립니까?

2 어느 목장에 매일 같은 빠르기로 풀이 자랍니다. 이 목장의 풀은 소가 5마리라면 4일 만에, 소가 3마리라면 8일 만에 다 먹어 치운다고 합니다. 만약 처음 풀의 양을 일정하게 유지하려면 몇 마리의 소를 키워야 합니까? (단, 매일 소가 먹는 풀의 양은 같고, 모든 소가 같은 양의 풀을 먹습니다.)

3 어느 과수원에서 10명의 일꾼이 10시간 동안 사과를 따야 일을 모두 끝마칠 수 있습니다. 이 과수원에서 5명의 일꾼이 사과를 따기 시작하여 4시간 동안 사과를 딴 후, 3명의 일꾼이 더 왔다고 합니다. 앞으로 몇 시간 동안 일을 더 해야 일을 마칠 수 있습니까?

4 200L들이 물통에 A, B 두 개의 수도꼭지를 틀어 물을 받습니다. 처음 10분 동안 수도꼭지 A와 B를 모두 틀어 110L의 물을 받은 다음, 수도꼭지 B를 잠그고 A만 틀어서 물통에 물을 가득 채우려고 합니다. 물을 받기 시작한 지 20분 후에 170L의 물이 채워졌다면, 수도꼭지 A만 틀어서 물을 받은 지 몇 분 후에 200L들이 물통에 물이 가득 찹니까?

14 비를 이용한 문제 해결

개념학습 비의 값과 백분율

- 어떤 양을 기준으로 할 때, 비교되는 양이 기준량의 몇 배인지를 분수, 소수, 백분율, 할푼리로 나타낸 것을 비율이라고 합니다.
- 기준량을 1로 볼 때의 값을 비의 값이라 하고, 기준량을 100으로 할 때의 비율을 백분율이라고 합니다. 이때 백분율은 기호 '%'를 써서 나타냅니다.

예제 문방구점을 운영하는 진구네 삼촌은 어제 열쇠고리 두 개를 각각 7500원에 팔았습니다. 첫째 번 열쇠고리로 25%의 이익을 얻었지만, 둘째 번 열쇠고리로는 25%의 손해를 보았습니다. 진구네 삼촌은 어제 열쇠고리 두 개를 팔고 얼마의 이익 또는 손해를 보았습니까?

강의노트

① 첫째 번 열쇠고리의 정가는 원가에 ☐%를 더한 가격입니다. 원가를 ■라고 하면 7500=■+■×0.25이므로 ■×1.25=7500, ■=☐(원)입니다.

② 둘째 번 열쇠고리의 정가는 원가에서 25%를 뺀 가격입니다.
원가를 ●라고 하면 7500=●−●×0.25이므로 ●×0.75=7500, ●=☐(원)입니다.

③ 열쇠고리 두 개의 원가의 합은 6000+10000=☐(원)이고, 두 개를 각각 7500원에 팔았으므로 삼촌이 받은 돈은 ☐원입니다.

④ 따라서 열쇠고리 두 개를 판 값은 삼촌에게 ☐원 (이익 , 손해)입니다.

유제 어느 서점에서 일주일 동안 수학책이 영어책보다 50% 더 많이 팔렸다고 합니다. 이 기간 동안 영어책과 수학책을 합하여 1000권 팔았다면, 이 중 수학책은 몇 권 팔렸습니까?

개념학습 **타율과 할푼리**

- 비율을 소수로 나타낼 때, 소수 첫째 자리를 '할', 소수 둘째 자리를 '푼', 소수 셋째 자리를 '리'라고 합니다.
- 야구 경기는 기록 경기라고 할 만큼 여러 가지 기준이 많습니다. 그중 타율은 야구 선수의 가장 중요한 지표로 (타율)=(안타 수)÷(타수)이고, 할푼리로 나타냅니다.

예제 작년에 3할 4푼으로 타격왕을 차지한 나안타 선수가 작년에 친 공은 550개입니다. 나안타 선수는 작년에 몇 개의 안타를 쳤습니까?

강의노트

① (타율)=(안타 수)÷(□)입니다.

② 타율이 3할 4푼일 때, 공을 100번 친다면 안타를 □개 칩니다.

③ 50번은 100번의 절반이므로 안타 수는 □개이고, 550번은 50번의 □배이므로 안타 수는 □개입니다.

④ 따라서 나안타 선수는 작년에 □개의 안타를 쳤습니다.

유제 현재까지 공을 250번 친 정석이의 안타 수는 90개입니다. 정석이의 타율을 구하시오.

유형 14-1 무게의 변화

어느 호박의 무게가 수확한 직후에는 5kg이었고, 이 중 90%가 물이었습니다. 이 호박을 며칠 동안 햇볕이 내리쬐는 마당에 놓아 두었더니 호박의 물이 증발하여 호박의 80%가 물이 되었습니다. 이때, 호박의 무게는 몇 kg입니까?

1 수확한 직후 물을 제외한 호박의 무게는 몇 kg입니까?

2 호박의 물이 증발하여 무게가 줄어들었을 때, 호박의 물을 제외한 부분은 몇 %가 되었습니까?

3 호박의 물을 제외한 부분의 무게는 호박의 물이 증발하여 줄어들어도 변하지 않고, 호박 전체에 대한 비율은 **2**와 같아졌습니다. 이때, 호박의 무게는 몇 kg입니까?

확인문제

Key Point

1 □는 △의 250%입니다. △의 2배는 □의 몇 %입니까?

어떤 수의 250%는 어떤 수의 2.5배와 같습니다.

2 창고 안에 주스와 생수가 합하여 250병 있었습니다. 그중 20%가 생수였는데, 주스를 몇 병 꺼내어 팔았더니 생수는 남아 있는 병의 수의 25%가 되었습니다. 창고에서 꺼낸 주스는 몇 병입니까?

생수의 수는 변하지 않습니다.

유형 14-2 타격왕

타율이 가장 높은 선수가 받는 '한국시리즈 타격상' 후보에 오른 선수 두 명의 성적은 한국시리즈 6차전까지 타율이 6할 2푼 5리로 같습니다. 두 선수 모두 마지막 7차전에서 4타수 무안타였다면 누가 타격상을 받겠습니까? (단, 타율을 구할 때는 반올림하여 소수 셋째 자리까지 구합니다.)

선수 이름	타수	타율
장정훈	32	6할 2푼 5리
이상엽	24	6할 2푼 5리

1 두 선수의 타수와 타율을 보고, 6차전까지의 두 선수의 안타 수를 각각 구하시오.

2 마지막 7차전에서 두 선수는 모두 4타수 무안타를 기록했습니다. 두 선수의 7차전까지의 타수와 안타 수를 각각 구하시오.

3 (타율)=(안타 수)÷(타수)입니다. 두 선수의 마지막 7차전까지의 타율을 각각 구하고, 누가 타격상을 받겠는지 쓰시오.

Key Point

1 타율이 3할 7푼 5리로 같은 A와 B 선수는 공을 각각 40번, 48번 쳤습니다. 안타를 더 많이 친 사람은 누구입니까?

타율이 같아도 타수가 다르면 안타의 수가 달라집니다.

2 현재까지 21안타를 친 종식이의 타율은 2할 8푼입니다. 종식이는 공을 몇 번 쳤습니까?

타율과 안타 수가 주어져 있으므로

$(\text{타율}) = \dfrac{(\text{안타 수})}{(\text{타수})}$ 를

이용합니다.

창의사고력 다지기

1 A 마을의 사람 수는 20% 증가하고, B 마을은 10% 감소하여 두 마을의 사람 수가 같아졌습니다. 사람 수가 변하기 전의 A 마을의 사람 수는 B 마을의 사람 수의 몇 %입니까?

2 컴퓨터 가게를 운영하는 승호 아버지는 어제 컴퓨터 두 대를 각각 75만 원에 팔았습니다. 첫째 번 컴퓨터로 50%의 이익을 얻었지만, 둘째 번 컴퓨터로는 50%의 손해를 보았습니다. 승호 아버지는 컴퓨터 두 대를 팔고 이익을 얻었습니까, 손해를 보았습니까?

3 다음은 A, B 두 가게에서 모양과 크기가 같은 가방을 팔 때 적용하는 인상률과 할인율을 나타낸 것입니다. 민지가 2일 후에 가방을 산다면 어느 가게에서 사는 것이 좋습니까?

			1일 후		2일 후
A	20000원	20% 인상 →		10% 인상 →	?
B	40000원	25% 할인 →		15% 할인 →	?

4 지난 주 양준헌, 한대호 두 선수의 타율은 2할 5푼으로 같습니다. 오늘 경기에서 두 명 모두 5타수 1안타였다면, 누구의 타율이 더 높습니까? (단, 타율을 구할 때는 반올림하여 소수 셋째 자리까지 구합니다.)

선수 이름	타수	타율
양준헌	32	2할 5푼
한대호	36	2할 5푼

15 거꾸로 생각하기

개념학습 거꾸로 생각하기

- 어떤 문제는 주어진 조건대로 차례로 풀면 잘 풀리지 않을 때가 있습니다. 이때, 중간 과정과 결과를 정확히 알고 있다면, 결과로부터 거꾸로 거슬러 올라가서 처음을 찾아내는 것이 더 간단할 수 있습니다. 이러한 문제해결 방법을 거꾸로 풀기라고 합니다.
- 계산 결과가 주어지고 거꾸로 생각하여 처음 수를 구할 때에는 덧셈은 뺄셈으로, 뺄셈은 덧셈으로, 곱셈은 나눗셈으로, 나눗셈은 곱셈으로 바꾸어 계산합니다.

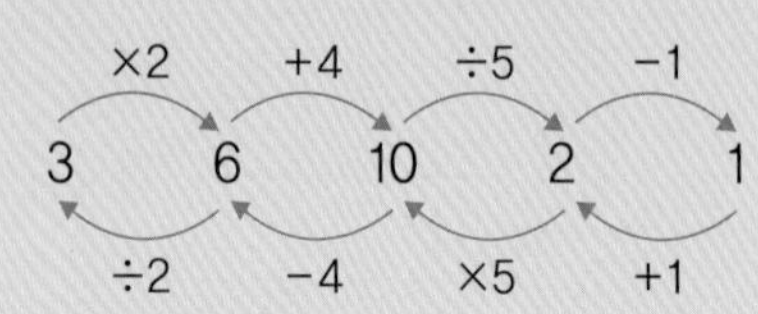

예제 다음과 같은 방법으로 A 그릇에서 B 그릇으로 물을 옮겨 담았더니 A 그릇과 B 그릇의 물의 양이 120L로 같아졌습니다. 처음에 A 그릇과 B 그릇에 들어 있던 물의 양은 각각 몇 L입니까?

> [첫째 번 시행] A 그릇에서 B 그릇에 들어 있는 양만큼의 물을 퍼내어 B 그릇으로 옮깁니다.
> [둘째 번 시행] B 그릇에서 A 그릇에 남아 있는 양만큼의 물을 퍼내어 A 그릇으로 옮깁니다.
> [셋째 번 시행] A 그릇에서 B 그릇에 남아 있는 양만큼의 물을 퍼내어 B 그릇으로 옮깁니다.

강의노트

① [셋째 번 시행] 이전에 B 그릇에는 마지막 상태의 절반인 120÷2=☐(L)의 물이 있었습니다.

또, [셋째 번 시행] 이전에 A 그릇에는 마지막으로 B 그릇으로 옮긴 양만큼의 물이 더 있었으므로 120+☐=☐(L)의 물이 있었습니다.

② ①과 같은 방법으로 거꾸로 생각하여 다음 표를 완성하시오.

단계	물의 양	
	A 그릇	B 그릇
현재	120	120
셋째 번 시행 이전	180(120+60)	60(120÷2)
둘째 번 시행 이전	☐(180÷2)	☐(60+☐)
첫째 번 시행 이전	☐(90+☐)	☐(☐÷2)

③ 따라서 처음에 A 그릇에 들어 있던 물의 양은 ☐L이고, B 그릇에 들어 있던 물의 양은 ☐L입니다.

개념학습

그림 그려 해결하기

문제의 상황이 복잡한 경우에는 머릿속에서 어떤 상황인지 쉽게 파악되지 않을 때가 많습니다. 이런 경우에는 주어진 조건을 간단하게 그림으로 나타내면 문제의 핵심을 쉽게 파악할 수 있습니다.

예제 떡장수 할머니가 장사를 마치고 3개의 고개를 넘어 집으로 가려고 합니다. 그런데 고개마다 호랑이가 나타나서 남은 떡의 절반과 2개씩 주면 잡아 먹지 않겠다고 했습니다. 할머니는 호랑이에게 떡을 주며 간신히 풀려나 집에 도착해 보니 남은 떡은 1개였습니다. 처음에 할머니가 팔고 남은 떡은 모두 몇 개입니까?

강의노트

① 셋째 번 고개를 넘을 때, 셋째 번 호랑이에게 남은 떡의 절반과 2개를 주었더니 남은 떡은 1개였습니다.

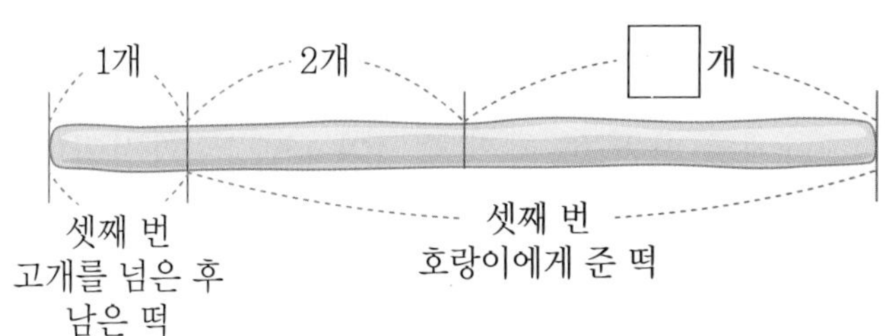

➡ 셋째 번 고개를 넘기 전에 남은 떡: 1+2+□=□(개)

② ①과 같은 방법으로 둘째 번 고개를 넘기 전에 남은 떡의 개수를 구하면 됩니다.

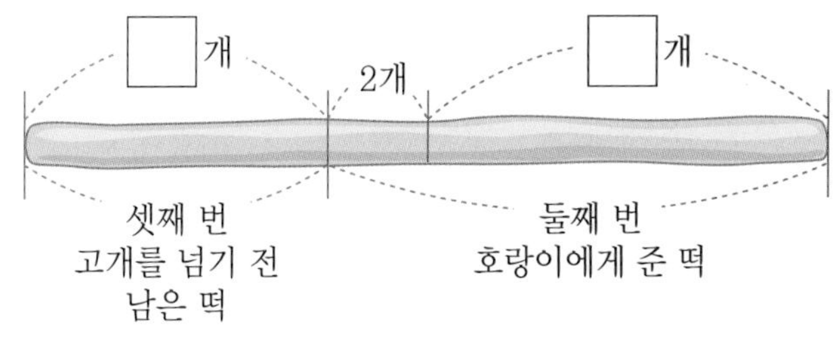

➡ 둘째 번 고개를 넘기 전에 남은 떡: □(개)

③ ①과 같은 방법으로 첫째 번 고개를 넘기 전에 남은 떡의 개수를 구하면 됩니다.

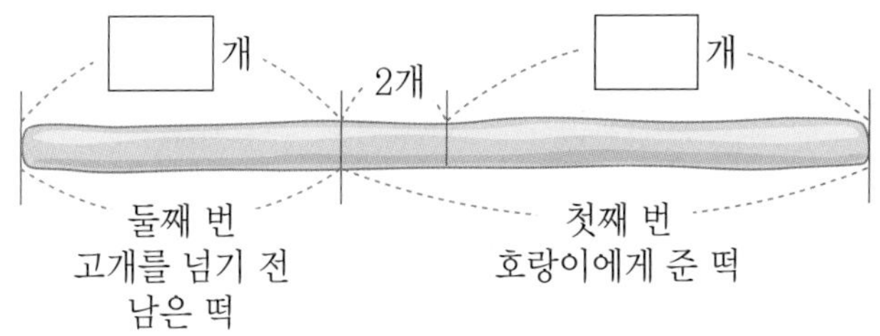

➡ 첫째 번 고개를 넘기 전에 남은 떡: □(개)

유형 15-1 처음 수 구하기

|보기|와 같은 규칙에 따라 각 자리의 숫자를 곱하면 마지막에 한 자리 수가 나옵니다. 이와 같은 방법으로 3단계를 거쳐서 4가 나오는 두 자리 수를 모두 찾으시오.

보기

$68 \xrightarrow[\text{1단계}]{6\times8} 48 \xrightarrow[\text{2단계}]{4\times8} 32 \xrightarrow[\text{3단계}]{3\times2} 6$

1 각 자리 숫자를 곱해서 4가 되는 두 자리 수를 모두 쓰시오.

2 다음은 1단계, 2단계, 3단계를 거쳐 한 자리 수 4가 나오는 과정입니다. □ 안에 알맞은 수를 써넣으시오.

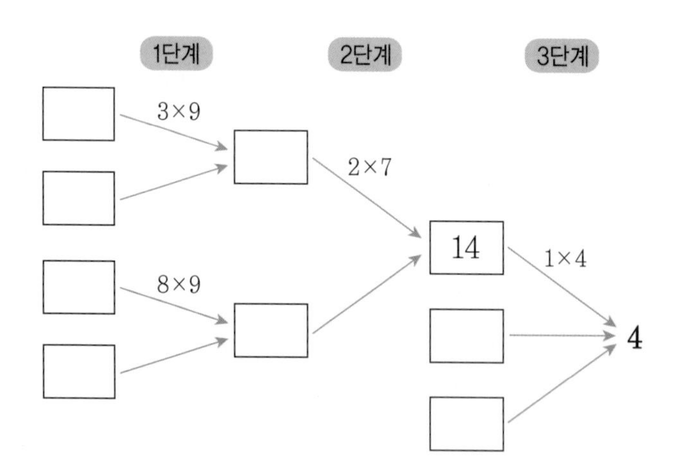

3 3단계를 거쳐서 4가 나오는 두 자리 수를 모두 쓰시오.

확인문제

1 다음 |보기|에서 3을 넣으면 계산 결과가 20이 나옵니다. 이와 같은 방법으로 계산할 때, 처음에 어떤 수를 넣어야 계산 결과가 11이 나오는지 구하시오.

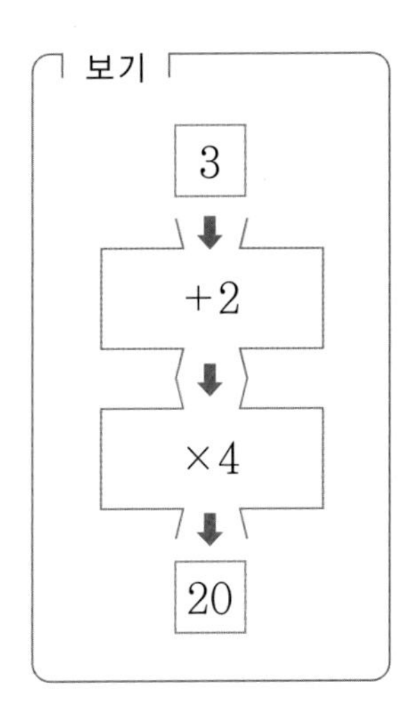

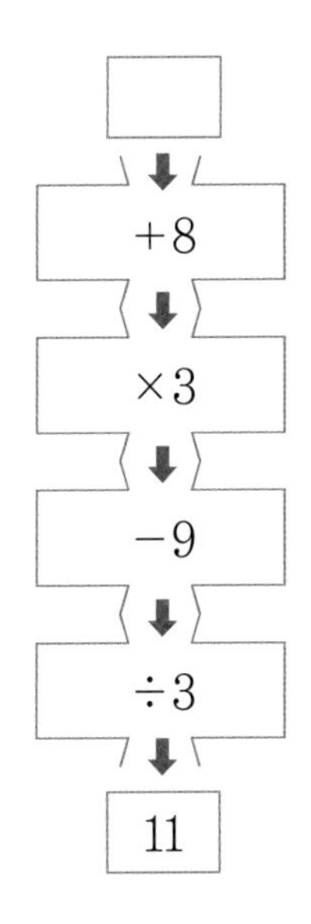

Key Point

11에서부터 연산 기호를 다음과 같이 바꾸어 거꾸로 계산해 봅니다.

+ ➡ −
− ➡ +
× ➡ ÷
÷ ➡ ×

2 |보기|와 같이 각 자리 숫자를 더하면 마지막에 한 자리 수가 됩니다.

보기

$48 \xrightarrow{4+8} 12 \xrightarrow{1+2} 3$

이와 같이 두 단계를 거쳐서 계산하여 마지막 한 자리 수가 2가 되는 두 자리 수를 모두 구하시오.

각 자리 숫자를 더하여 2가 되는 두 자리 수는 11과 20입니다.

11 →(1+1) 2
20 →(2+0) 2

유형 15-2 주고받기

갑, 을, 병 세 사람이 다음과 같은 순서로 구슬을 주고받았더니 각자 구슬을 40개씩 가지게 되었습니다. 세 사람이 처음에 가지고 있던 구슬은 각각 몇 개입니까?

① 갑이 을과 병에게 그들이 가지고 있는 만큼의 구슬을 줍니다.
② 을이 갑과 병에게 그들이 가지고 있는 만큼의 구슬을 줍니다.
③ 마지막으로 병이 갑과 을에게 그들이 가지고 있는 만큼의 구슬을 줍니다.

1 병이 갑과 을에게 그들이 가지고 있는 만큼의 구슬을 준 후, 모두 구슬을 40개씩 가지게 되었습니다. 병이 갑과 을에게 그들이 가지고 있는 만큼의 구슬을 주기 전에는 갑, 을, 병은 각자 구슬을 몇 개씩 가지고 있었습니까?

2 1과 같이 거꾸로 생각하여 다음 표를 완성하시오.

단계	구슬의 수(개)		
	갑	을	병
마지막	40	40	40
③ 이전			
② 이전			
① 이전			

3 처음 세 사람이 가지고 있던 구슬은 각각 몇 개입니까?

확인문제

1 A, B, C 세 사람이 다음과 같은 순서로 사탕을 서로 주고받았더니 마지막에 세 사람이 가지고 있는 사탕의 개수가 120개로 같아졌습니다. 처음에 세 사람이 가지고 있던 사탕의 개수는 각각 몇 개입니까?

> ① A가 B에게 B가 가지고 있는 개수만큼의 사탕을 줍니다.
> ② B가 C에게 C가 가지고 있는 개수만큼의 사탕을 줍니다.
> ③ C가 A에게 A가 가지고 있는 개수만큼의 사탕을 줍니다.

Key Point

다음과 같이 표를 그려서 거꾸로 생각해 봅니다.

단계	사탕의 수(개)		
	A	B	C
마지막	120	120	120
③ 이전	60	120	180
② 이전			
① 이전			

2 희철이는 저금통에 들어 있는 동전의 절반을 꺼낸 다음, 동전 한 개를 저금통에 넣기를 100번 반복해서 했습니다. 마지막에 2개의 동전이 저금통에 남아 있었다면 처음 저금통에 들어 있던 동전은 모두 몇 개입니까?

남은 동전이 2개인 것으로부터 거꾸로 생각해 봅니다.

창의사고력 다지기

1 어느 상자 안에 빨간 구슬이 여러 개 있습니다. 이 상자에 파란 구슬 40개를 넣고 잘 섞은 다음, 25개의 구슬을 상자에서 꺼내었더니 상자에는 빨간 구슬 15개와 파란 구슬 20개가 남았습니다. 처음 상자에 들어 있던 빨간 구슬은 몇 개입니까?

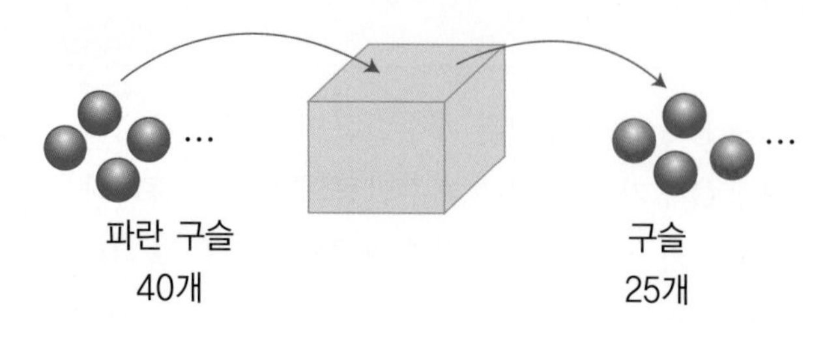

2 상인이 성 안으로 들어가려면 3개의 문을 지나야 하는데, 각 문에는 문지기가 있습니다. 첫째 문의 문지기는 상인이 가지고 있는 금화의 절반보다 1개 더 많은 금화를 내야 문을 통과시켜 줍니다. 둘째 문과 셋째 문의 문지기도 가지고 있는 금화의 절반보다 1개 더 많은 금화를 내야 문을 통과시켜 줍니다. 상인이 3개의 문을 모두 통과하고 성 안으로 들어갔을 때 남아 있는 금화는 1개뿐이었습니다. 상인이 처음에 가지고 있던 금화는 몇 개입니까?

3 영희, 수철, 기현 세 사람은 게임을 해서 진 사람이 다른 두 사람에게 그들이 가진 만큼의 구슬을 주기로 했습니다. 첫째 번에는 영희, 둘째 번에는 수철, 셋째 번에는 기현이가 차례로 졌을 때, 남은 구슬이 24개로 모두 같아졌습니다. 처음에 가장 많은 구슬을 가지고 있던 사람은 누구이고, 몇 개를 가지고 있었습니까?

4 영수는 닭장에서 여러 개의 달걀을 가져와서 A 바구니에 B 바구니보다 40개를 더 많이 나누어 담았습니다. 그 다음 A 바구니에서 B 바구니로 2개의 달걀을 옮겼다가, 다시 B 바구니에서 A 바구니로 4개의 달걀을 옮겼습니다. 이와 같은 과정을 한 번의 행동이라고 할 때, 달걀을 옮기는 행동을 모두 10번 반복하였더니 B 바구니의 달걀이 모두 없어졌습니다. 영수가 처음에 닭장에서 가지고 온 달걀은 모두 몇 개입니까?

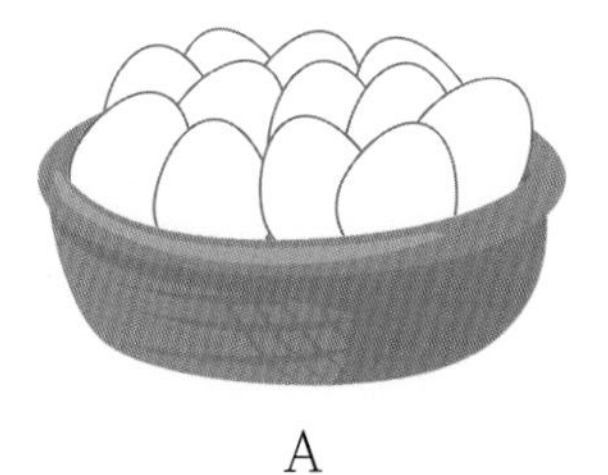
A

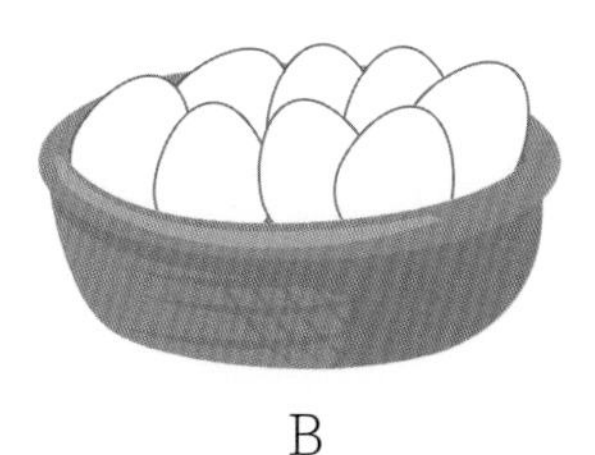
B

Memo

영재학급, 영재교육원, 경시대회 준비를 위한

창의사고력 초등 수학 팩토

영재학급, 영재교육원, 경시대회 준비를 위한

창의사고력 초등 수학 팩토

바른 답 바른 풀이

VI 수와 연산

01 소인수분해 p.8~p.9

예제 [답] ① 9, 3, 3, 36, 2, 5, 4, 9, 3, 3
② 3, 3, 2, 3

예제 [답] ① 2, 2, 7 ② 짝수, 1, 홀수, 7 ③ 7

유제 135를 소인수분해하면 $135=3\times3\times3\times5$입니다. 135가 제곱수가 되기 위해서는 소인수분해했을 때 각 소수가 짝수 번 곱해져 있어야 하므로 3×5를 더 곱하여 3이 4번, 5가 2번 곱해지도록 합니다. 따라서 135에 가장 작은 수 $3\times5=15$를 곱하면 제곱수가 됩니다.

[답] 15

유형 01-1 제곱수 만들기 p.10~p.11

1 [답] $36=2\times2\times3\times3$, $40=2\times2\times2\times5$

2 [답] $36\times40=2\times2\times3\times3\times2\times2\times2\times5$
$=2^5\times3^2\times5$

3 [답] 2, 5, 1번씩

4 3에 의해 2, 5를 1번씩 곱하면 되므로 $2\times5=10$입니다.

[답] 10

확인문제

1 주어진 식을 소인수분해하면
$40\times63\times100=2\times2\times2\times2\times2\times3\times3\times5\times5\times5\times7$로 2는 5번, 3은 2번, 5는 3번, 7은 1번 곱해져 있습니다. 제곱수가 되기 위해서는 각 소수가 짝수 번 곱해져야 하므로 $2\times5\times7$을 더 곱해야 합니다.
따라서 주어진 식을 제곱수가 되게 하는 수 중 가장 작은 수는 $2\times5\times7=70$입니다.

[답] 70

2 100보다 큰 제곱수 중에서 가장 작은 제곱수는 $121=11\times11$이고, 500보다 작은 제곱수 중에서 가장 큰 제곱수는 $484=22\times22$입니다. 따라서 100보다 크고 500보다 작은 제곱수는 11×11, 12×12, 13×13, …, 20×20, 21×21, 22×22로 모두 12개입니다.

[답] 12개

유형 01-2 연속된 0의 개수 p.12~p.13

1

수	소인수분해	2의 개수	5의 개수	끝자리 0의 개수
10	2×5	1	1	1
100	$2\times2\times5\times5$	2	2	2
1000	$2\times2\times2\times5\times5\times5$	3	3	3
200	$2\times2\times2\times5\times5$	3	2	2
250	$2\times5\times5\times5$	1	3	1

2 [답] 2와 5가 한 번씩 곱해지면 끝자리의 0의 개수가 한 개씩 생깁니다. 또, 2와 5가 곱해진 개수 중 적은 수만큼 0이 생깁니다.

3 [답] 20개

4 [답] 4개

5 [답] 24번

6 [답] 24개

확인문제

1 주어진 식 $2^5\times3^7\times5^{10}\times7^6$에는 2가 5번, 3이 7번, 5가 10번, 7이 6번 곱해져 있습니다. 2와 5 중에서 2가 5보다 더 적은 수만큼 곱해졌으므로 2의 곱해진 개수인 5개만큼 끝자리에 0이 연속으로 나옵니다.
따라서 $2^5\times3^7\times5^{10}\times7^6$의 계산 결과를 10으로 나누면 모두 5번 연속하여 나누어떨어집니다.

[답] 5번

2 $10\times20\times30\times\cdots\times80\times90\times100$

$=10\times(2\times10)\times(3\times10)\times\cdots\times(9\times10)\times(10\times10)$

$=(1\times2\times3\times\cdots\times8\times9\times10)\times$

5의 배수: 2개(0의 개수)

$(10\times10\times10\times\cdots\times10\times10\times10)$

10의 배수: 10개(0의 개수)

따라서 주어진 식의 계산 결과의 끝자리에 연속하여 나오는 0의 개수는 12개입니다.

[답] 12개

4 50에서 100까지의 수의 곱에 2와 5가 각각 몇 번씩 곱해져 있는지 구하면 됩니다. 그런데 연속한 수의 곱에서는 5가 더 적게 곱해지므로 5가 곱해진 개수만큼 0의 개수가 나오게 됩니다. 50에서 100까지의 수에서 5의 배수는 11개이고, 25의 배수는 3개입니다. 25의 배수는 5가 2번 곱해져 있으므로 다른 5의 배수보다 5가 1개씩 더 많이 곱해져 있습니다. 따라서 50에서 100까지의 수의 곱에 5는 모두 $11+3=14$(번) 곱해지므로 끝자리에 나오는 0의 개수는 14개입니다.

[답] 14개

창의사고력 다지기 p.14~p.15

1 약수나무를 그려 보면 다음과 같습니다.

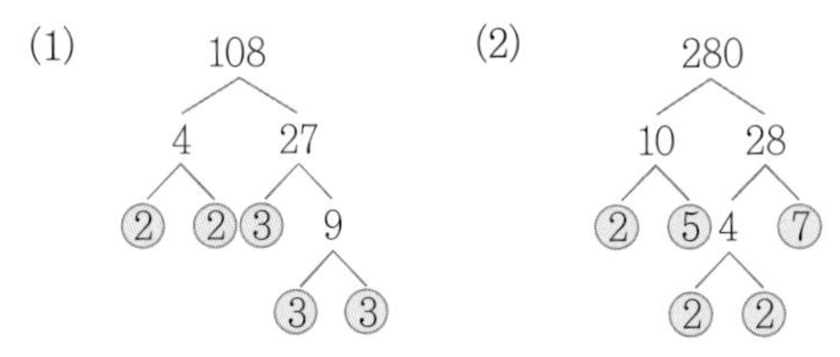

$108=2\times2\times3\times3\times3$
$=2^2\times3^3$

$280=2\times2\times2\times5\times7$
$=2^3\times5\times7$

[답] (1) $108=2^2\times3^3$ (2) $280=2^3\times5\times7$

2 2를 1번, 2번, 3번, 4번, … 곱하면 일의 자리의 숫자는 2, 4, 8, 6이 반복됩니다. 7을 1번, 2번, 3번, 4번, … 곱하면 일의 자리의 숫자는 7, 9, 3, 1로 반복됩니다. 2를 4의 배수 번씩 곱한 수인 2^4, 2^8, 2^{12}, …의 일의 자리 숫자는 6이므로 2를 20번 곱한 2^{20}의 일의 자리 숫자도 6입니다. 또, 7을 4의 배수 번씩 곱한 수인 7^4, 7^8, 7^{12}, …의 일의 자리 숫자는 1이므로 7을 20번 곱한 7^{20}의 일의 자리 숫자도 1입니다. 따라서 2^{20}의 일의 자리 숫자가 더 큽니다.

[답] 2^{20}

3 준수가 쓴 식을 소인수분해하면 $12\times63=2\times2\times3\times3\times3\times7$입니다. 제곱수가 되려면 각 소수는 짝수 번 곱해져야 하는데 2는 2번, 3은 3번, 7은 1번 곱해져 있으므로 3을 1번, 7을 1번 나누어 주면 가장 작은 수로 나누어 준수가 쓴 식을 제곱수로 바꿀 수 있습니다. 따라서 12×63을 3을 1번, 7을 1번 즉, 21로 나누면 제곱수 36이 됩니다.

[답] 21

02 약수 p.16~p.17

예제 [답] ① 2, 3, 3

②

×	1	2	2^2	2^3
1	$1\times1=1$	$1\times2=2$	$1\times2^2=4$	$1\times2^3=8$
3	$3\times1=3$	$3\times2=6$	$3\times2^2=12$	$3\times2^3=24$
3^2	$3^2\times1=9$	$3^2\times2=18$	$3^2\times2^2=36$	$3^2\times2^3=72$

③ 9, 12, 18, 24, 36, 72, 12

유제 36을 소인수분해하여 거듭제곱으로 나타내면 $36=2^2\times3^2$입니다.

×	1	2	2^2
1	1	2	4
3	3	6	12
3^2	9	18	36

따라서 36의 약수의 개수는 $(2+1)\times(2+1)=9$(개)입니다.

[답] 9개

예제 [답] ②

수	자신을 제외한 약수	합	분류
20	1, 2, 4, 5, 10	22	과잉수
21	1, 3, 7	11	부족수
22	1, 2, 11	14	부족수
23	1	1	부족수
24	1, 2, 3, 4, 6, 8, 12	36	과잉수
25	1, 5	6	부족수
26	1, 2, 13	16	부족수
27	1, 3, 9	13	부족수
28	1, 2, 4, 7, 14	28	완전수
29	1	1	부족수

③ 26, 27, 29, 28, 24

유형 02-1 약수의 개수 p.18~p.19

1 $9=1\times9=(0+1)\times(8+1)$

➡ $m=0$, $n=8$ 또는 $m=8$, $n=0$

$9=3\times3=(2+1)\times(2+1)$

➡ $m=2$, $n=2$

[답] ($m=0$, $n=8$), ($m=8$, $n=0$), ($m=2$, $n=2$)

2 [답] 2

3 [답] $A=2$, $B=3$ 또는 $A=3$, $B=2$

4 $m=8$, $n=0$ (또는 $m=0$, $n=8$)일 때의 수는 $2^8\times1=256$이고,

$m=2$, $n=2$일 때의 수는 $2^2\times3^2=36$입니다.

따라서 가장 작은 수는 36입니다.

[답] 36

확인문제

1 어떤 수를 소인수분해하여 $A^m\times B^n$의 형태로 나타낼 때,

(약수의 개수)$=(m+1)\times(n+1)$(개)이므로

약수의 개수가 4개인 경우는 $m=3$, $n=0$ 또는 $m=1$, $n=1$인 경우입니다.

(1) $m=3$, $n=0$ (또는 $m=0$, $n=3$)인 경우

$2^3=8$, $3^3=27$이므로 소수 A가 될 수 있는 수는 2와 3입니다. 따라서 1에서 30까지의 수 중에서 약수의 개수가 4개인 수는 8과 27입니다.

(2) $m=1$, $n=1$인 경우

$2\times3=6$, $2\times5=10$, $2\times7=14$, $2\times11=22$, $2\times13=26$, $3\times5=15$, $3\times7=21$이므로 1에서 30까지의 수 중에서 약수의 개수가 4개인 수는 6, 10, 14, 15, 21, 22, 26입니다.

따라서 1에서 30까지의 수 중에서 약수의 개수가 4개인 수는 6, 8, 10, 14, 15, 21, 22, 26, 27로 모두 9개입니다.

[답] 6, 8, 10, 14, 15, 21, 22, 26, 27

2 약수의 개수가 2개인 수는 소수입니다. 또, 두 개의 소수를 더했을 때 홀수 589가 나오려면 홀수와 짝수를 더해야 합니다. 짝수인 소수는 2뿐이므로 구하는 소수는 2와 587입니다.

[답] 2, 587

유형 02-2 열려 있는 사물함 찾기 p.20~p.21

1 [답]

사물함 번호	1	2	3	4	5	6	7	8	9	10	…
학생 번호	①	① ②	① ③	① ② ④	① ⑤	① ② ③ ⑥	① ⑦	① ② ④ ⑧	① ③ ⑨	① ② ⑤ ⑩	…

2 [답] 약수

3 사물함 번호 아래에 쓰여져 있는 학생 번호 개수가 홀수 개인 경우 열려 있고, 그 개수는 약수의 개수와 같습니다.

[답] 1, 4, 9, 홀수 개

4 [답] 제곱수

5 [답] 1, 4, 9, 16, 25, 36, 49

확인문제

1 열려 있는 성문의 번호는 약수의 개수가 홀수 개이고, 약수의 개수가 홀수 개인 수는 제곱수입니다.
1에서 100까지의 제곱수는 1, 4, 9, 16, 25, 36, 49, 64, 81, 100으로 모두 10개입니다. 따라서 열려 있는 성문은 모두 10개입니다.
※ 제곱수의 약수의 개수가 홀수 개인 이유
예를 들어 36의 약수를 구하기 위해서는 1×36, 2×18 등과 같이 두 수의 곱을 찾게 되는데, $6\times6=36$이고, 이때에는 두 개의 6을 모두 약수로 생각하는 것이 아니라 한 개의 6만을 약수로 생각합니다. 따라서 제곱수일 경우에는 약수의 개수가 홀수 개가 됩니다.

[답] 10개

2 두 자리 제곱수는 16, 25, 36, 49, 64, 81입니다. 가장 큰 제곱수부터 차례대로 소인수분해하여 약수의 개수를 알아보면 다음과 같습니다.
$81=3\times3\times3\times3=3^4$ ➡ 약수의 개수: 5개
$64=2\times2\times2\times2\times2\times2=2^6$ ➡ 약수의 개수: 7개
$49=7\times7=7^2$ ➡ 약수의 개수: 3개
⋮
따라서 약수의 개수가 3개인 가장 큰 두 자리 수는 49입니다.

[답] 49

창의사고력 다지기 p.22~p.23

1 주어진 수를 소인수분해하여 약수의 개수를 알아봅니다.

수	소인수분해	약수의 개수(개)
40	$2^3\times5$	$(3+1)\times(1+1)=8$
54	2×3^3	$(1+1)\times(3+1)=8$
98	2×7^2	$(1+1)\times(2+1)=6$
100	$2^2\times5^2$	$(2+1)\times(2+1)=9$
200	$2^3\times5^2$	$(3+1)\times(2+1)=12$

[답] ③

2 $8=1\times2\times4$, $10=1\times2\times5$, $14=1\times2\times7$, $15=1\times3\times5$

[답] 8, 10, 14, 15

3 다음과 같이 각 수의 십의 자리 숫자로 나누어떨어지는 수를 먼저 찾은 후, 일의 자리 숫자로 나누어떨어지는 수를 찾습니다.
51~59: 55 (일의 자리 숫자 5로도 나누어떨어집니다.)
60~69: 60, 66
(일의 자리 숫자 6으로도 나누어떨어집니다.)
70~79: 70, 77
(일의 자리 숫자 7로도 나누어떨어집니다.)
80~89: 80, 88
(일의 자리 숫자 8로도 나누어떨어집니다.)
90~99: 90, 99
(일의 자리 숫자 9로도 나누어떨어집니다.)
따라서 50보다 크고 100보다 작은 수 중에서 약수가 보이는 수는 모두 9개입니다.

[답] 55, 60, 66, 70, 77, 80, 88, 90, 99

4 그림면이 보이는 카드는 홀수 번 뒤집은 카드이므로 그 번호는 약수가 홀수 개인 수입니다. 약수가 홀수 개인 수는 제곱수이므로 1에서 100까지의 수가 적힌 숫자 카드에서 제곱수가 적힌 카드는
$1\times1=1$, $2\times2=4$, $3\times3=9$, $4\times4=16$, $5\times5=25$, $6\times6=36$, $7\times7=49$, $8\times8=64$, $9\times9=81$, $10\times10=100$으로 모두 10장입니다.
따라서 숫자면이 보이는 카드는 모두 $100-10=90$(장)입니다.

[답] 90장

03 이집트 분수 p.24~p.25

예제 [답] ① 13, $\frac{1}{13}$ ②  ③ 20, $\frac{1}{20}$

④ 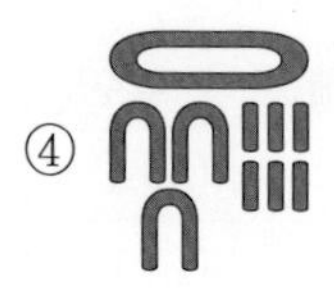

예제 [답] ① $\frac{2}{3}$ ② 7, $\frac{1}{7}$ ③ 21, $\frac{1}{21}$

④ $\frac{2}{3}$, $\frac{1}{7}$, $\frac{1}{21}$, $\frac{6}{7}$

유형 03-1 단위분수의 합으로 나타내기 p.26~p.27

1 [답] 14, 27

2 18의 약수: 1, 2, 3, 6, 9, 18
➡ 2+3+9=14

[답] $\frac{14}{18}$

3 $\frac{7}{9}$을 3개의 서로 다른 단위분수의 합으로 나타내면

$\frac{7}{9}=\frac{14}{18}=\frac{2}{18}+\frac{3}{18}+\frac{9}{18}$

$=\frac{1}{9}+\frac{1}{6}+\frac{1}{2}$입니다.

[답] $\frac{1}{2}+\frac{1}{6}+\frac{1}{9}$

확인문제

1 호떡 7개를 12명이 나누었을 때의 각자의 몫: $\frac{7}{12}$

1개의 호떡을 12명이 나누었을 때의 각자의 몫 : $\frac{1}{12}$

따라서 $\frac{7}{12}-\frac{1}{12}=\frac{1}{2}$이므로 나는 ③ 입니다.

[답] ③

2 ① 12의 약수 중 자기 자신을 제외한 약수를 구합니다.
➡ 1, 2, 3, 4, 6

② 분모의 약수 중에서 합이 12가 되는 약수를 고릅니다.
➡ 2+4+6, 1+2+3+6

③ $1=\frac{2+4+6}{12}$

$=\frac{2}{12}+\frac{4}{12}+\frac{6}{12}$

$=\frac{1}{6}+\frac{1}{3}+\frac{1}{2}$

$1=\frac{1+2+3+6}{12}$

$=\frac{1}{12}+\frac{2}{12}+\frac{3}{12}+\frac{6}{12}$

$=\frac{1}{12}+\frac{1}{6}+\frac{1}{4}+\frac{1}{2}$

[답] $\frac{1}{2}+\frac{1}{3}+\frac{1}{6}$ 또는 $\frac{1}{2}+\frac{1}{4}+\frac{1}{6}+\frac{1}{12}$

유형 03-2 피보나치의 '탐욕스런 절차' p.28~p.29

1 $\frac{1}{2}>\frac{7}{18}>\frac{1}{3}$이므로 $\frac{7}{18}=\frac{1}{3}+\frac{1}{18}$입니다.

[답] $\frac{1}{3}$

2 $\frac{8}{9}>\frac{1}{2}$이므로 $\frac{8}{9}=\frac{1}{2}+\frac{7}{18}$이고,

$\frac{1}{2}>\frac{7}{18}>\frac{1}{3}$이므로 $\frac{7}{18}=\frac{1}{3}+\frac{1}{18}$입니다.

따라서 $\frac{8}{9}=\frac{1}{2}+\frac{1}{3}+\frac{1}{18}$입니다.

[답] $\frac{1}{2}+\frac{1}{3}+\frac{1}{18}$

3 $\frac{7}{18}>\frac{1}{2}$이므로 $\frac{17}{18}=\frac{1}{2}+\frac{8}{18}$이고,

$\frac{1}{2}>\frac{8}{18}>\frac{1}{3}$이므로 $\frac{8}{18}=\frac{1}{3}+\frac{1}{9}$입니다.

따라서 $\frac{17}{18}=\frac{1}{2}+\frac{1}{3}+\frac{1}{9}$입니다.

[답] $\frac{1}{2}+\frac{1}{3}+\frac{1}{9}$

1 핫산이 먹은 초콜릿의 양: $\frac{1}{2}$

동생이 먹은 초콜릿의 양:

$(1-\frac{1}{2})\times\frac{1}{12}=\frac{1}{2}\times\frac{1}{12}=\frac{1}{24}$

따라서 두 사람이 먹은 초콜릿의 양은

$\frac{1}{2}+\frac{1}{24}=\frac{12}{24}+\frac{1}{24}=\frac{13}{24}$입니다.

[답] ③

2 $\frac{11}{12}>\frac{1}{2}$이므로 $\frac{11}{12}=\frac{1}{2}+\frac{5}{12}$이고,

$\frac{1}{2}>\frac{5}{12}>\frac{1}{3}$이므로 $\frac{5}{12}=\frac{1}{3}+\frac{1}{12}$입니다.

따라서 $\frac{11}{12}$을 3개의 서로 다른 단위분수의 합으로 나타내면 $\frac{11}{12}=\frac{1}{2}+\frac{1}{3}+\frac{1}{12}$입니다.

[답] $\frac{1}{2}+\frac{1}{3}+\frac{1}{12}$

창의사고력 다지기 p.30~p.31

1 각각의 이집트 분수를 현재의 분수로 나타내면

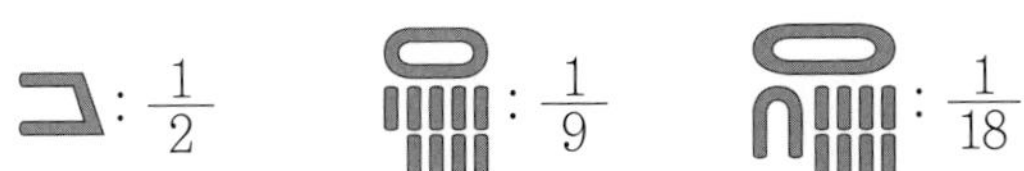

: $\frac{1}{2}$　　: $\frac{1}{9}$　　: $\frac{1}{18}$

따라서 $\frac{1}{2}+\frac{1}{9}+\frac{1}{18}=\frac{9}{18}+\frac{2}{18}+\frac{1}{18}=\frac{12}{18}=\frac{2}{3}$ 입니다.

[답] $\frac{2}{3}$

2 자기 자신을 제외한 24의 약수 중에서 4개의 합이 24가 되는 약수를 찾습니다.

또한, $\frac{1}{12}=\frac{2}{24}$이므로 약수 중에서 2는 반드시 있어야 합니다.

따라서 $1=\frac{2+4+6+12}{24}=\frac{2}{24}+\frac{4}{24}+\frac{6}{24}+\frac{12}{24}$

$=\frac{1}{2}+\frac{1}{4}+\frac{1}{6}+\frac{1}{12}$입니다.

[답] 2, 4, 6

3 ① 24의 약수를 모두 찾습니다.

➡ 1, 2, 3, 4, 6, 8, 12, 24

② 분모의 약수들 중에서 합이 분자의 수와 같은 경우를 찾습니다.

➡ 17=12+4+1=12+3+2=8+6+3
=8+6+2+1=8+4+3+2

$\frac{17}{24}=\frac{12}{24}+\frac{4}{24}+\frac{1}{24}=\frac{12}{24}+\frac{3}{24}+\frac{2}{24}$

$=\frac{8}{24}+\frac{6}{24}+\frac{3}{24}=\frac{8}{24}+\frac{6}{24}+\frac{2}{24}+\frac{1}{24}$

$=\frac{8}{24}+\frac{4}{24}+\frac{3}{24}+\frac{2}{24}$

따라서 $\frac{17}{24}$을 최소 개수의 서로 다른 단위분수의 합으로 나타내면

$\frac{17}{24}=\frac{1}{2}+\frac{1}{6}+\frac{1}{24}=\frac{1}{2}+\frac{1}{8}+\frac{1}{12}$

$=\frac{1}{3}+\frac{1}{4}+\frac{1}{8}$입니다.

[답] $\frac{1}{2}+\frac{1}{6}+\frac{1}{24}$ 또는 $\frac{1}{2}+\frac{1}{8}+\frac{1}{12}$ 또는 $\frac{1}{3}+\frac{1}{4}+\frac{1}{8}$

4 [답] 8명이 7개의 빵을 나누어 가지므로 1명이 $\frac{7}{8}$개씩 나누어 가지면 됩니다.

만약, 다음과 같이 나누면 1명은 $\frac{1}{8}$조각을 7개 먹어야 하므로 조각난 것을 먹게 되어 불공평합니다.

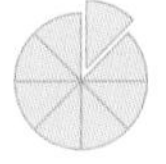
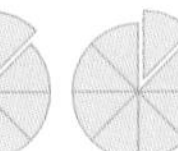

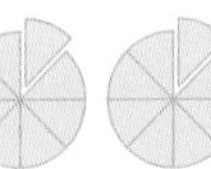
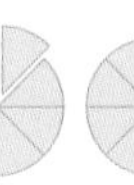
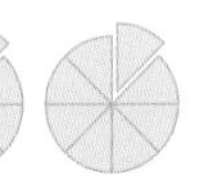

$\frac{7}{8}$을 이집트 분수로 나타내면

$\frac{7}{8}=\frac{1}{2}+\frac{1}{4}+\frac{1}{8}$입니다.

따라서 1명이 $\frac{1}{2}$ 조각, $\frac{1}{4}$ 조각, $\frac{1}{8}$ 조각을 각각 하나씩 나누어 가지면 공평합니다.

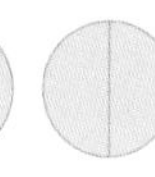

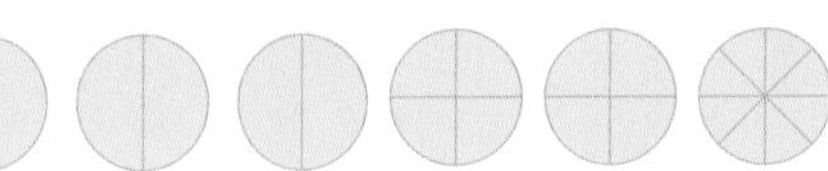
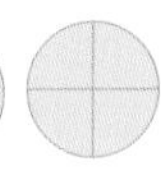

Ⅶ 언어와 논리

04 서람원리 p.34~p.35

예제 [답] ① 6, 6 ② 2, 5 ③ 5

예제 [답] ① 4 ② 3 ③ 2, 1 ④ 10

유제 도장을 4번 찍었을 때 'ㅁ'이 나오지 않는다면 마지막에 남은 것은 'ㅁ'입니다.
나머지 도장도 같은 방법으로 3번, 2번, 1번을 찍어 보아야 하고, 마지막에 남은 도장은 어떤 모양인지 알 수 있기 때문에 찍어 볼 필요가 없습니다.
따라서 적어도 4+3+2+1=10(번) 찍어 보아야 합니다.

[답] 10번

유형 04-1 필요한 카드 뽑기 p.36~p.37

1 1부터 시작하여 차가 18이 되는 수를 차례대로 찾아봅니다.

[답] (2, 20) (3, 21) (4, 22) (5, 23) (6, 24) (7, 25) (8, 26) (9, 27) (10, 28) (11, 29) (12, 30)

2 [답] 13, 14, 15, 16, 17, 18

3 차가 18인 카드 12쌍에서 각각 1개씩을 뽑고, 남은 카드에서 1장을 더 뽑아야 합니다.
따라서 12+1=13(장)을 뽑아야 합니다.

[답] 13장

4 가장 운이 나쁜 경우를 생각합니다. 우선 짝을 지을 수 없는 카드 6장을 뽑습니다. 다음으로 차가 18인 12쌍의 카드 중에서 짝이 되는 카드가 나오지 않도록 카드를 한 장씩 뽑습니다. 마지막으로 1장의 카드를 더 뽑으면 적힌 수의 차가 18인 카드가 반드시 1쌍 나오게 됩니다. 따라서 적어도 6+12+1=19(장)을 뽑아야 합니다.

[답] 19장

확인문제

1 울타리 안을 9개의 칸으로 나누고, 각각의 칸에 양을 1마리씩 넣으면 1마리의 양이 남습니다. 마지막에 남은 1마리의 양을 9개의 칸 중 한 곳에 넣으면 두 마리의 양이 있는 칸이 반드시 생기게 됩니다.
따라서 거리가 5m보다 가까운 두 마리의 양이 반드시 있습니다.

[답] 가

2 번호의 차가 12인 카드를 찾아보면 (1, 13), (2, 14), (3, 15), (4, 16), (5, 17), (6, 18), (7, 19), (8, 20)으로 8쌍이 있습니다.
절대로 술래가 될 수 없는 사람은 9, 10, 11, 12번의 카드를 받은 4명이므로 가장 운이 나쁜 경우, 이 4명을 뽑고 여기에 번호의 차가 12인 카드를 가진 8쌍 중에서 1명씩을 뽑은 다음, 다시 1명을 더 뽑는다면 술래가 반드시 정해지므로 술래를 정하기 위해서는 적어도 4+8+1=13(명)을 뽑아야 합니다.

[답] 13명

유형 04-2 얻어야 할 득표 수 p.38~p.39

1 기주, 연희, 재호가 얻은 표가 모두
10+16+7=33(표)이므로 아직 개표되지 않은 표는 50−33=17(표)입니다.

[답] 17표

2 현재까지 기주가 더 많은 표를 얻은 상태이므로 연희에게 가장 불리한 경우는 연희가 얻지 못하는 표를 모두 기주가 얻는 것입니다.

[답] 연희가 얻지 못하는 표를 모두 기주가 얻는 것

3 남은 17표 중에서 연희가 5표만 얻고 기주가 12표를 얻을 경우, 연희는 16+5=21(표), 기주는
10+12=22(표)가 되어 기주가 당선되게 됩니다.
연희가 6표를 얻고 기주가 11표를 얻는 경우에는 연희는 16+6=22(표), 기주는 10+11=21(표)가 되어 연희가 당선되게 됩니다.
따라서 가장 불리한 경우를 생각하면 연희가 적어도 6표를 얻어야 반드시 반장에 당선될 수 있습니다.

[답] 6표

확인문제

1 가장 운이 나쁜 경우를 생각합니다. 첫째 번 자동차 문을 여는 경우 10번 열어 보아야 합니다. 둘째 번 자동차 문을 여는 경우 9번 열어 보아야 합니다.
같은 방법으로 생각하면 열째 번 자동차 문을 여는 경우 1번을 열어야 합니다.
따라서 또치가 자동차 문을 모두 열려면 적어도 $10+9+8+\cdots+2+1=55$(번) 열어 보아야 합니다.

[답] 55번

2 남아 있는 표는
(전체 표의 수)−(개표가 된 표의 수)−(무효표의 수)
이므로 $55-14-17-11-2=11$(표)입니다.
태성이의 당선이 확정되려면 가장 운이 나쁜 경우는 현재 1위인 호진이와 3위인 태성이가 남은 11표를 나누어 가지는 것입니다.
우선 태성이가 호진이보다 많은 표를 얻기 위해서는 호진이가 얻은 17표와 같아져야 하므로 남아 있는 11표 중에서 태성이가 먼저 6표를 가져갑니다. 그 다음에 남은 5표 중에서 태성이가 3표 이상을 얻으면 당선이 확정됩니다.
따라서 태성이는 최소한 $6+3=9$(표)를 얻어야 합니다.

[답] 9표

창의사고력 다지기 p.40~p.41

1 구슬을 차례대로 1개씩 주머니에 넣으면 각각의 주머니에는 구슬이 1개씩 들어가고, 이때 필요한 구슬의 개수는 9개입니다. 구슬이 1개씩 들어 있는 주머니에 다시 차례대로 구슬을 1개씩 더 넣으면 각각의 주머니에는 구슬이 2개씩 들어가므로 모두 18개의 구슬이 들어갑니다.
마지막 1개의 구슬을 9개의 주머니 중 어느 하나에 넣으면 3개의 구슬이 들어간 주머니가 반드시 생깁니다.
따라서 적어도 하나의 주머니에는 반드시 3개 이상의 구슬이 들어갑니다.

[답] 3개

2 첫째 번 보물 상자를 열 때 가장 운이 나쁜 경우는 마지막 10째 번에 열리는 것입니다.
둘째 번 보물 상자를 열 때 가장 운이 나쁜 경우는 9개의 열쇠 중에서 9째 번에 열리는 것입니다.
같은 방법으로 마지막 여덟째 번 보물 상자를 열 때 가장 운이 나쁜 경우는 남아 있는 3개의 열쇠 중에서 마지막 3째 번에 열리는 것입니다.
따라서 알라딘이 보물 상자를 모두 열기 위해서는 적어도 $10+9+\cdots+4+3=52$(번) 열어 보아야 합니다.

[답] 52번

3 합이 30인 두 수를 쌍으로 나타내면
(1, 29), (3, 27), (5, 25), (7, 23), (9, 21), (11, 19), (13, 17)이고, 남아 있는 수 15는 쌍이 되는 수가 없습니다. 합이 30인 두 수를 뽑을 때, 가장 운이 나쁜 경우를 생각하면 먼저 합이 30이 되는 짝이 없는 15를 뽑습니다. 다음으로 합이 30인 7쌍에서 각각 1개씩을 뽑은 후, 남아 있는 7개의 수에서 1개를 뽑아야 합니다. 따라서 합이 30인 두 수를 뽑으려면 적어도 $1+7+1=9$(개)의 수를 뽑아야 합니다.

[답] 9개

4 현재 남아 있는 표는 $100-27-17-10-6=40$(표)입니다. 가장 운이 나쁜 경우에 병 후보의 당선이 확정되려면 남은 40표를 현재까지 가장 많은 표를 받은 갑 후보와 나누어 얻는 것입니다.
병 후보가 갑 후보가 얻은 27표와 같아지도록 $27-10=17$(표)를 먼저 얻습니다. 그 다음에 남아 있는 $40-17=23$(표) 중 절반 이상인 12표 이상을 병 후보가 얻으면 당선이 확정됩니다.
따라서 병 후보의 당선이 확정되려면
최소 $17+12=29$(표)를 더 얻어야 합니다.

[답] 29표

05 강 건너기, 모자 색 맞히기 p.42~p.43

예제 [답] ① A, A ② 10, 20 ③ 45

예제 [답] ② 흰색 ③ 흰색 ④ 흰색, 흰색

유형 05-1 움직이는 데 걸리는 최소 시간 p.44~p.45

1 1명은 반드시 돌아와야 하므로 가장 적게 걸리는 사람 2명이 타야 합니다. 따라서 1분이 걸리는 **가**와 2분이 걸리는 **나**가 가장 먼저 이동해야 합니다.

[답] 가, 나

2 [답] ④ 나, 2　⑤ 2　⑦ 다, 라　⑧ 나, 2

3 $2+1+21+2+2+1+11+2+2=44$(분)

[답] 44분

확인문제

1 다음과 같이 움직입니다.

	자동차		주유소
①	아빠, 엄마	아들, 딸(81kg) →	
②	아빠, 엄마	← 아들	딸
③	아빠	아들, 엄마(89kg) →	딸
④	아빠	← 딸	엄마, 아들
⑤	딸	아빠 →	엄마, 아들
⑥	딸	← 아들	아빠, 엄마
⑦		아들, 딸(81kg) →	아빠, 엄마

따라서 최소 7번 움직여야 합니다.

[답] 7번

2 1km씩 움직일 수 있고 2km 지점부터 7km 지점까지는 5km이므로 2km 지점에서 5병의 물병을 들고 출발해야 합니다. 따라서 다음과 같은 방법으로 이동하면 13일이 걸립니다.

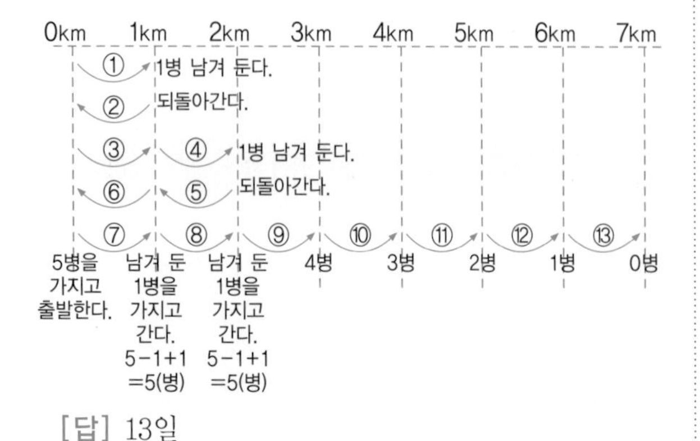

[답] 13일

유형 05-2 모자의 색 p.46~p.47

1 민성이는 앞에 있는 경주의 모자 색깔을 알 수 있으므로 경주의 모자 색깔은 노란색입니다.

[답] 노란색

2 노란 모자와 빨간 모자만 보인다고 했으므로 준서 앞에 있는 경주, 민성, 희정이는 파란색 모자를 쓰고 있을 수 없습니다.

[답] 파란색

3 성수의 앞에 있는 준서의 말에 의해 준서의 앞에 있는 세 명의 모자 색깔은 노란색 모자 2개, 빨간색 모자 1개 또는 노란색 모자 1개, 빨간색 모자 2개입니다. 그런데 성수가 자신의 모자 색깔을 알 수 있다고 했으므로 앞에 있는 네 명의 모자 색깔은 노란 모자 2개, 빨간 모자 2개가 되어야 합니다. 따라서 파란 모자 3개만 남으므로 성수의 모자 색깔은 파란색입니다.

[답] 파란색

확인문제

1 C는 세 가지 색깔의 모자가 모두 보이므로 C가 가장 뒤에 있고, D는 두 가지 색깔의 모자가 보이므로 뒤에서 둘째 번 자리에 있습니다. B의 바로 뒤에 A가 있으므로 네 사람의 순서는 앞에서부터 B−A−D−C입니다.
A가 파란색 모자가 보인다고 했으므로 B의 모자 색깔은 파란색입니다. D가 파란색과 노란색 모자가 보인다고 했으므로 A의 모자 색깔은 노란색입니다.
따라서 C가 세 가지 색깔의 모자가 모두 보인다고 했으므로 D가 쓴 모자의 색깔은 빨간색입니다.

[답] 빨간색

2 한라를 제외한 나머지 세 명이 모두 자신의 모자 색을 알 수 없으려면 반드시 노란 모자 1개와 빨간 모자 2개가 보여야 합니다.
그런데 세 명이 동시에 보고 있는 사람은 한라이고 세 명이 모두 모자 색을 알 수 없으므로 한라의 모자 색깔은 노란색이어야 합니다.

[답] 노란색

창의사고력 다지기 p.48~p.49

1 다음과 같이 건너면 됩니다.

	가		나
①	고양이, 치즈	수의사, 쥐 →	
②	고양이, 치즈	← 수의사	쥐
③	치즈	수의사, 고양이 →	쥐
④	치즈	← 수의사, 쥐	고양이
⑤	쥐	수의사, 치즈 →	고양이
⑥	쥐	← 수의사	고양이, 치즈
⑦		수의사, 쥐 →	고양이, 치즈

[답] 풀이 참조

2 호떡 5개를 각각 호떡 1, 호떡 2, 호떡 3, 호떡 4, 호떡 5라고 하고, 호떡 1의 앞면을 앞 1, 뒷면을 뒤 1, 호떡 2의 앞면을 앞 2, 뒷면을 뒤 2, …라고 하면 동시에 2장까지 구울 수 있으므로 호떡을 굽는 가장 효율적인 방법은 다음과 같습니다.

① (앞 1, 앞 2) → (뒤 1, 앞 3) → (뒤 2, 앞 4) → (뒤 3, 앞 5) → (뒤 4, 뒤 5)

② (앞 1, 앞 2) → (앞 3, 앞 4) → (앞 5, 뒤 1) → (뒤 2, 뒤 3) → (뒤 4, 뒤 5)

⋮

따라서 순서는 바뀌어도 이와 같은 방법으로 구우면 최소 $2\times5=10$(분) 걸립니다.

[답] 10분

3 나의 말에 따르면 **나－라**의 순서로 서 있습니다. **가**와 **라**의 말에 따르면 빨간 모자만 보이고, **다**는 세 가지 색깔의 모자가 다 보이고, **마**는 파란 모자만 보이지 않는다고 했으므로 **가－마－다**의 순서로 서 있어야 합니다.
그러므로 **나－라－가－마－다**의 순서로 서 있어야 하고 **마**의 말에 따라 **가**의 모자 색은 노란색입니다. **다**는 세 가지 색깔의 모자가 다 보인다고 했으므로 **마**의 모자 색깔은 파란색입니다.

[답] 파란색

4 ① 1분 걸리는 사람과 2분 걸리는 사람이 함께 이동합니다.(2분)

② 1분 걸리는 사람이 혼자 돌아오고(1분), 5분 걸리는 사람과 8분 걸리는 사람이 함께 이동합니다.(8분)

③ 2분 걸리는 사람이 혼자 돌아와서(2분), 1분 걸리는 사람과 함께 이동합니다.(2분)

따라서 걸리는 시간은 최소 $2+1+8+2+2=15$(분)입니다.

[답] 15분

06 포함과 배제 p.50~p.51

예제

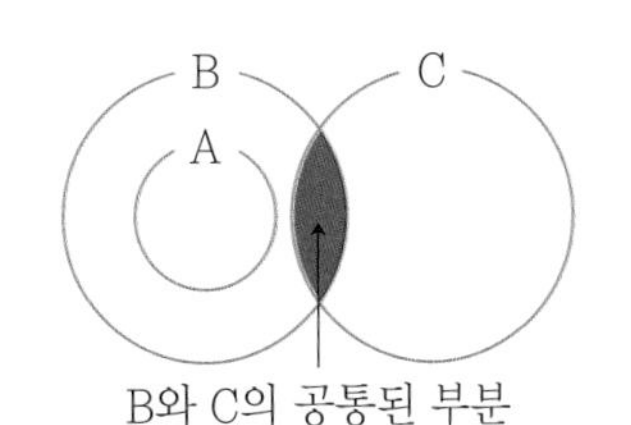

[답] ① B ② C ③ B, A

유제 ①과 ②는 그림을 보고 올바른 사실임을 쉽게 알 수 있습니다.

③ C이면 B이고, B이면 A이므로 C이면 A입니다.

④ B가 아니라고 해서 A가 아닌 것은 아닙니다. B가 아닌 것 중 A인 것도 있습니다.

⑤ A와 C의 공통된 부분은 C이므로 B에 포함됩니다.

[답] ④

예제 [답] ① 강아지, 15 ② 0, 15, 30, 5, 5

유형 06-1 논리적 벤 다이어그램 p.52~p.53

1 [답]

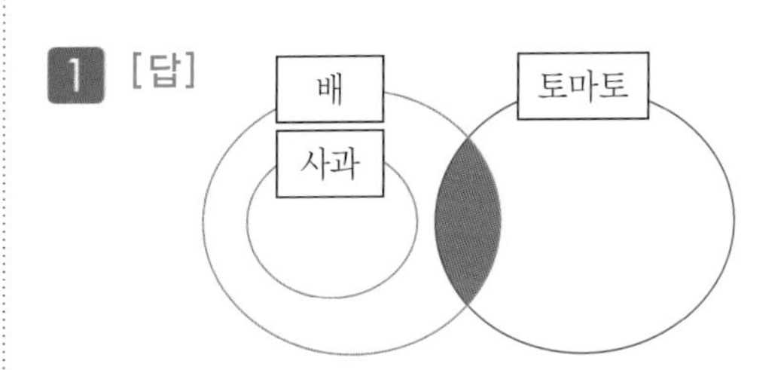

2 토마토와 배의 공통된 부분이 있으므로 (1)은 항상 옳습니다.

[답] **1**번 참조, (1) ○

3 (2) 사과와 배를 둘 다 좋아하는 사람의 수는 사과를 좋아하는 사람의 수와 같습니다. 그런데 **1**의 벤 다이어그램에서는 사과를 좋아하는 사람의 수와 토마토를 좋아하는 사람의 수를 서로 비교할 수 없습니다. ➡ (×)

(3) 사과와 토마토를 좋아하는 사람은 0명입니다. 배와 토마토를 좋아하는 사람은 적어도 1명 있으므로 사과와 토마토를 좋아하는 사람은 배와 토마토를 좋아하는 사람보다 많지 않다고 말할 수 있습니다. ➡ (○)

[답] (2) × (3) ○

확인문제

1 벤 다이어그램을 그려 보면 A, B, C의 관계를 쉽게 알 수 있습니다.

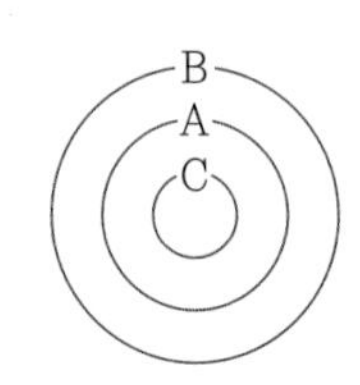

① C이면 A이고, A이면 B이므로 C이면 B입니다.
② B가 아닌 것은 C가 될 수 없습니다.
③ C가 아닌 것 중에는 B인 것도 있습니다.
④ A가 아닌 것 중에는 B인 것도 있습니다.

[답] ③

2 벤 다이어그램을 그려 보면 다음과 같습니다.

[답] (1) ○ (2) ○ (3) ○

유형 06-2 포함과 배제 p.54~p.55

1 [답] 전체 40명, 바이킹 25명, 회전목마 20명, 둘 다 타지 않은 사람 5명

2 40−5=35(명)

[답] 35명

3 25+20−35=10(명)

[답] 10명

4 25−10=15(명), 20−10=10(명)

[답] 15명, 10명

5 15+10=25(명)

[답] 25명

확인문제

1

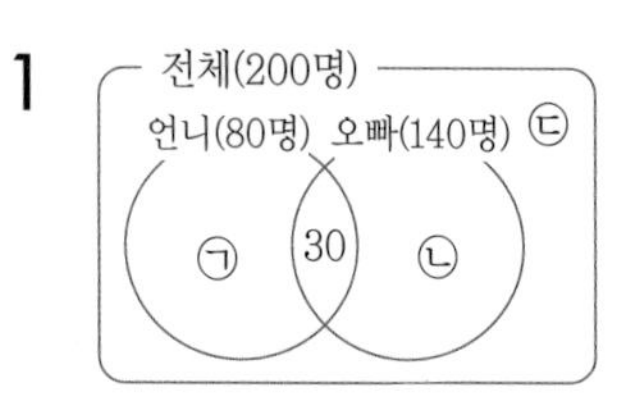

㉠=80−30=50(명)
㉡=140−30=110(명)
㉢=200−(㉠+30+㉡)
=200−(50+30+110)
=10(명)

[답] 10명

2 큰 타일의 넓이는 각각 10×8=80(cm^2)이고 작은 타일의 넓이는 5×7=35(cm^2)입니다.
겹친 부분의 넓이는 한 변이 2cm인 정사각형이므로 2×2=4(cm^2)입니다.
따라서 2개의 타일이 덮고 있는 바닥의 넓이는 80+35−4=111(cm^2)입니다.

[답] 111cm^2

창의사고력 다지기 p.56~p.57

1 ⑤ D는 A에도 포함되고 B에도 포함됩니다.

[답] ⑤

2 다음과 같이 벤 다이어그램을 그려서 생각해 봅니다.

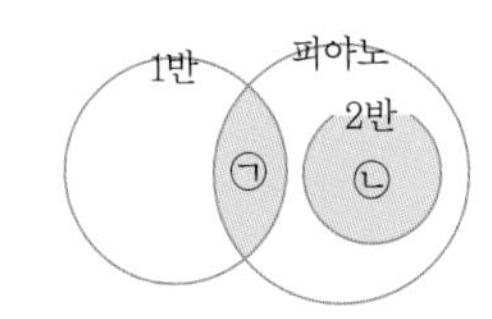

① 피아노를 치고 1반이 아닌 학생이라고 해서 반드시 2반 학생인 것은 아닙니다. 1, 2반 이외에 다른 반 학생일 수도 있습니다.

② 피아노를 치고 2반이 아닌 학생 중에는 1반 학생도 있을 수 있습니다.

③ ㉠과 ㉡을 비교해야 하는데, 어떤 기준이 없으므로 어느 것이 더 큰지 알 수 없습니다. 따라서 피아노를 칠 수 있는 학생이 2반에 많다고 확실히 말할 수 없습니다.

⑤ 피아노를 치는 학생 중에는 1, 2반 이외에 다른 반 학생이 있을 수도 있습니다.

[답] ④

3 1에서 20까지의 수 중에서 20의 약수는 1, 2, 4, 5, 10, 20이고, 30의 약수는 1, 2, 3, 5, 6, 10, 15입니다.
따라서 벤 다이어그램에 1에서 20까지의 수를 알맞게 써넣으면 다음과 같으므로 가장 적은 수가 들어가는 곳은 ㈏입니다.

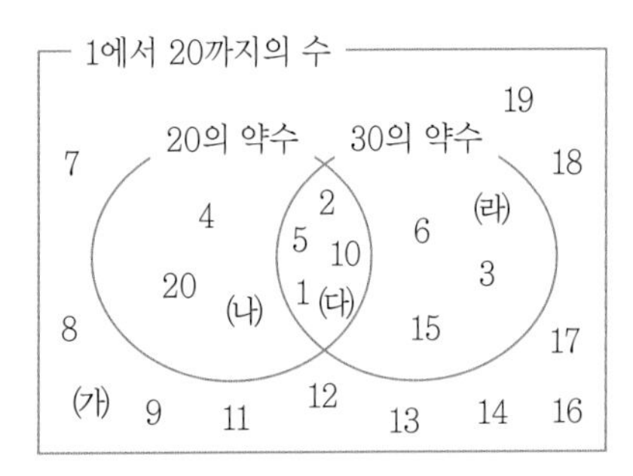

[답] ㈏

4 수학 경시대회와 과학 경시대회에 둘 다 참가한 사람이 적을수록 수학 경시대회에 참가한 사람은 많아집니다. 수학 경시대회와 과학 경시대회에 둘 다 참가한 사람이 최소일 때는 둘 다 참가하지 않은 학생이 0명일 때이므로 두 대회 모두 참가한 학생은 $24+26-40=10$(명)입니다.
따라서 수학 경시대회에만 참가한 사람은 최대 $24-10=14$(명)입니다.

[답] 14명

Ⅷ 도형

07 쌓기나무 p.60~p.61

예제

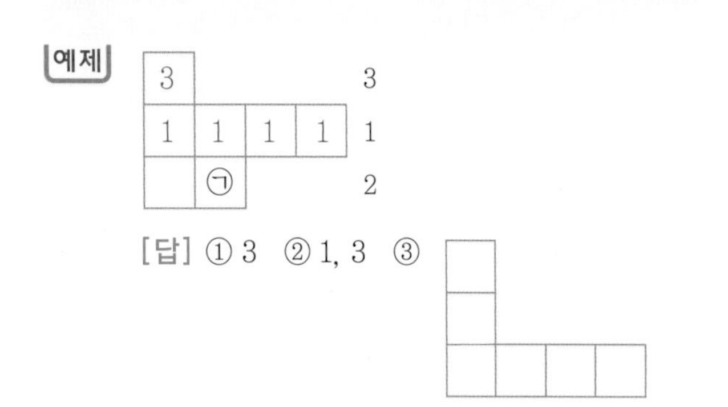

[답] ① 3 ② 1, 3 ③

예제 [답] ②

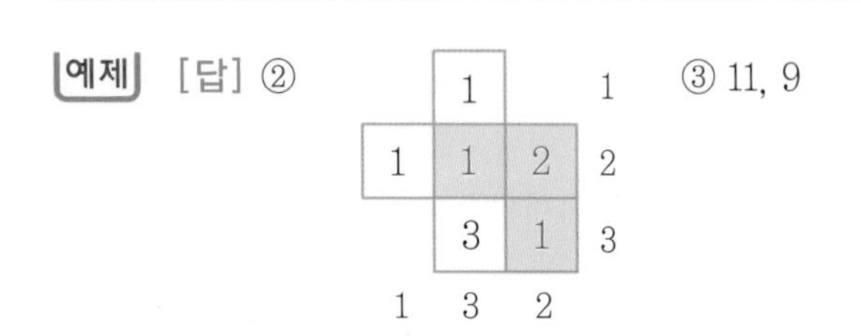

③ 11, 9

유형 07-1 위, 앞, 옆에서 본 모양 p.62~p.63

1 [답]

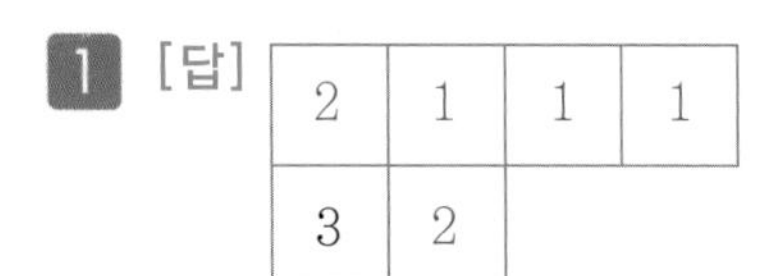

2 [답]

3 [답]

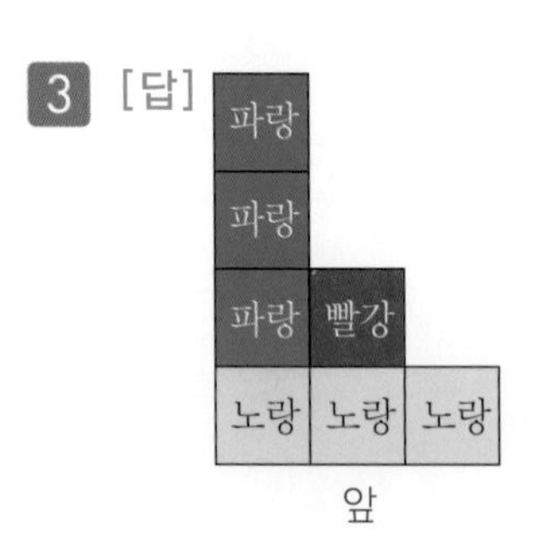

확인문제

1

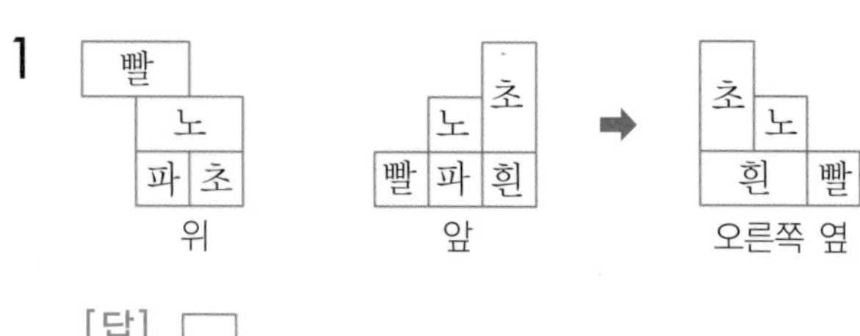

[답]

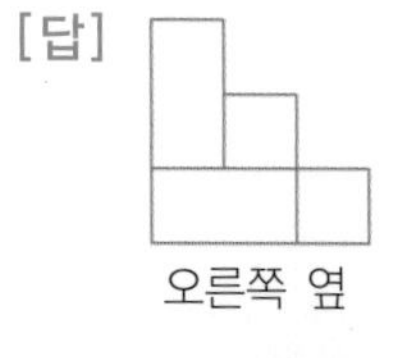

2 [답]

유형 07-2 쌓기나무를 쌓는 방법의 가짓수 p.64~p.65

1 [답]

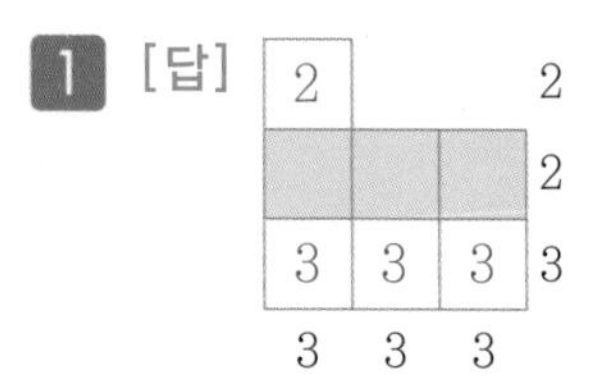

2

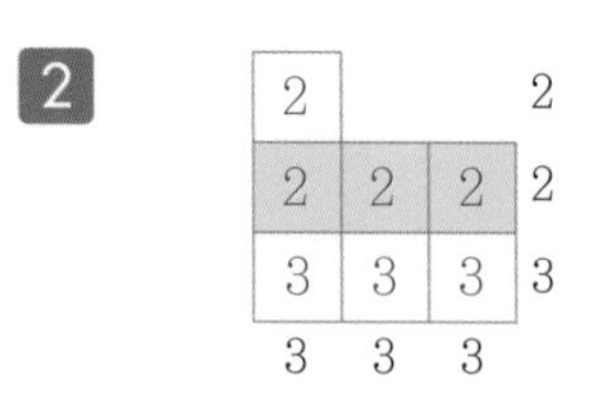

[답] 17개

3

[답] 15개

4 [답] 3가지

1

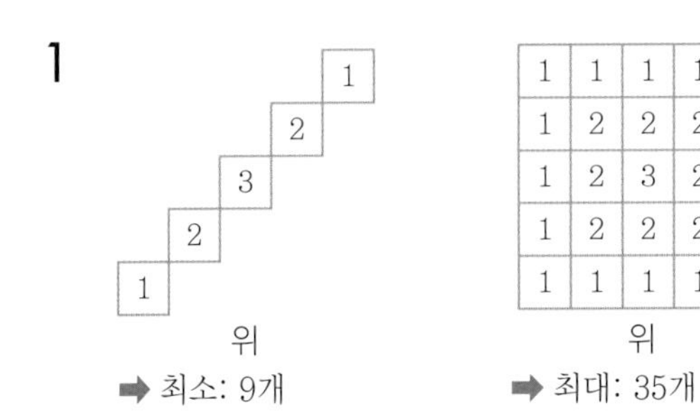

➡ 최소: 9개 ➡ 최대: 35개

[답] 최소: 9개, 최대: 35개

2 위에서 본 모양의 아래에는 앞에서 본 모양의 개수를 쓰고, 오른쪽에는 오른쪽 옆에서 본 모양의 개수를 쓴 후, 개수를 분명히 알 수 있는 것을 먼저 찾아 씁니다. 그 다음에 색칠된 칸에 쌓은 쌓기나무의 개수를 알맞게 써넣어 전체 쌓기나무의 개수가 최소가 되게 합니다.

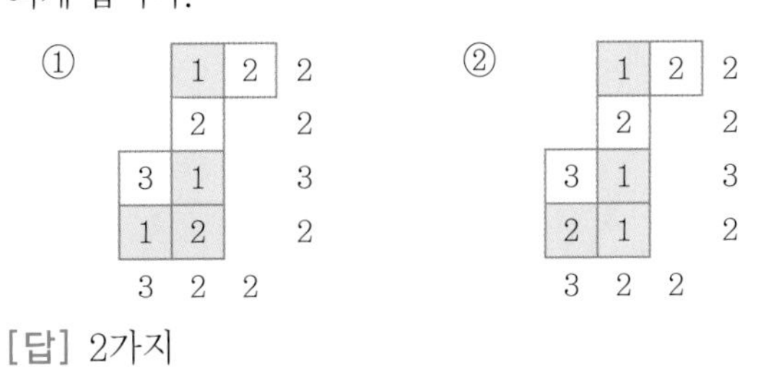

[답] 2가지

창의사고력 다지기 p.66~p.67

1 위에서 본 모양의 아래에 앞에서 본 모양의 개수를 쓰고, 필요한 쌓기나무의 개수가 최대가 되도록 각 칸에 알맞은 쌓기나무 개수를 써넣습니다.

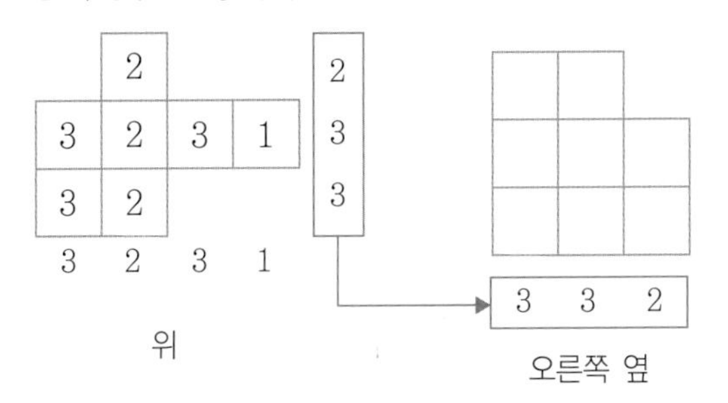

[답]

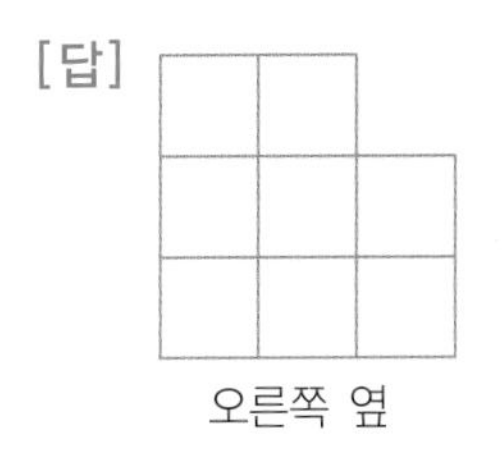

2 2층에 쌓은 쌓기나무 중 다음과 같이 3개를 뺄 때, 위, 앞, 오른쪽 옆에서 본 모양이 변하지 않습니다.

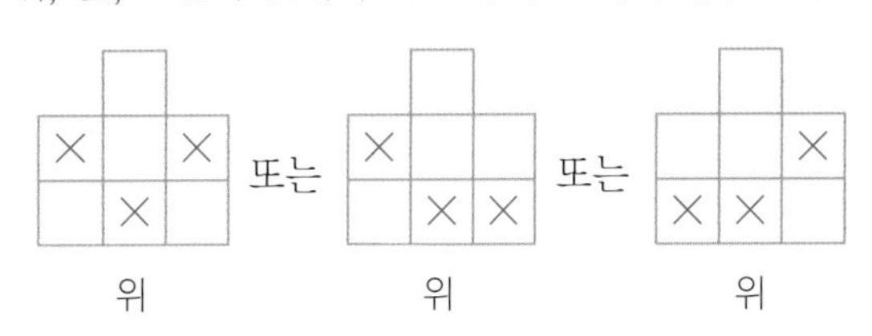

[답] 3개

3 ㉠, ㉡의 칸에 쌓여 있는 쌓기나무의 개수가 모두 3개인지 어느 하나만 3개인지에 따라, ㉢, ㉣의 칸에 쌓여 있는 쌓기나무의 개수가 모두 2개인지 어느 하나만 2개인지에 따라 다음과 같이 오른쪽 옆에서 본 모양이 5가지 나옵니다.

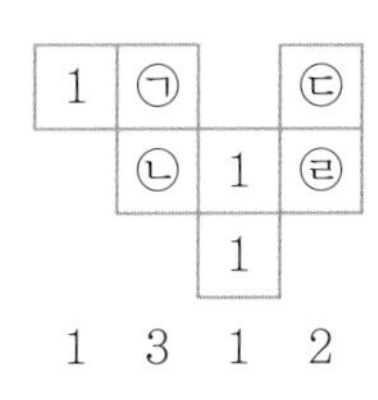

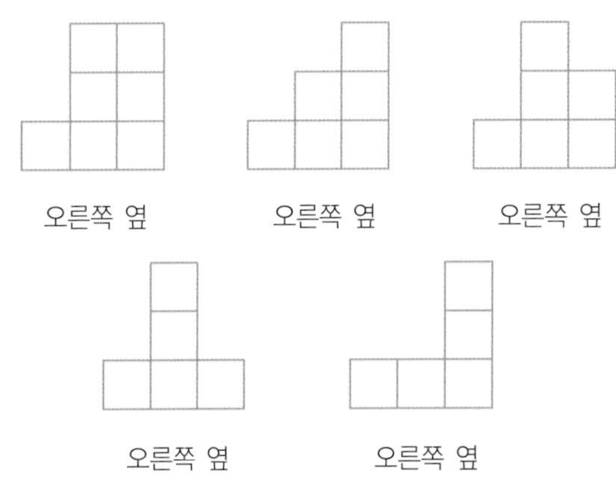

[답] 5가지

4

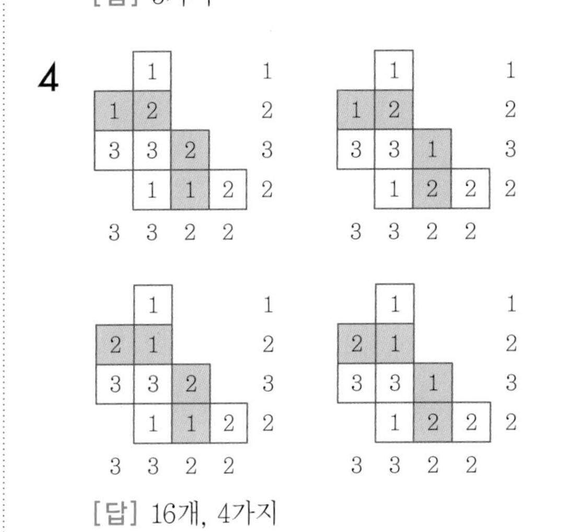

[답] 16개, 4가지

08 쌓기나무와 겉넓이 p.68~p.69

예제 [답] ① 5, 2, 32 ② 2 ③ 34

예제 [답] ① 2, 8 ② 6, 24 ③ 12, 24 ④ 8

유형 08-1 구멍 뚫린 정육면체의 겉넓이 p.70~p.71

1 $8\times6=48$(개)

[답] 48개

2 [답] 4개

3 $4\times6=24$(개)

[답] 24개

4 $48+24=72$(개)

[답] 72개

5 [답] 72cm^2

확인문제

1

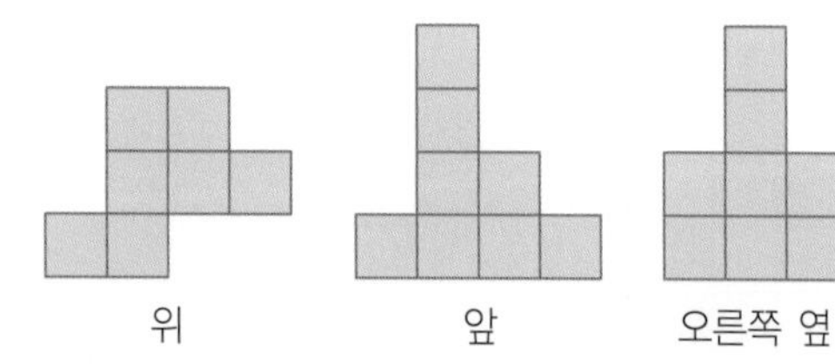

바닥면을 제외하고 스티커를 붙이기 때문에 위에서 본 모양의 면의 개수는 2배를 하지 않고 앞, 오른쪽 옆에서 본 모양의 면의 개수만 2배를 합니다. 이 모양에서는 보이지 않는 면은 없습니다.
따라서 필요한 스티커는 $7+(8+8)\times2=39$(장)입니다.

[답] 39장

2 위와 아래, 앞과 뒤, 오른쪽 옆과 왼쪽 옆에서 보이는 면의 개수는 $(9+8+8)\times2=50$(개)입니다.
보이지 않는 면의 개수는 3층에 8개, 2층에 4개로 모두 12개입니다.
따라서 색칠된 면은 모두 $50+12=62$(개)이고, 한 면의 넓이가 1cm^{2}이므로 겉넓이는 62cm^{2}입니다.

별해 층별로 위에서 본 모양을 그리고, 색칠된 면의 수를 쓰면 다음과 같습니다.

3	2	3
2	2	2
3	2	3

1층 (22개)

2	3	2
3		3
2	3	2

2층 (20개)

5		5
5		5

3층 (20개)

➡ $22+20+20=62$(개)

[답] 62cm^2

유형 08-2 변하지 않는 겉넓이 p.72~p.73

1 [답] 0, −2, −4

2 [답] 3개

3 그림에서 색칠된 쌓기나무 6개와 1층의 보이지 않는 꼭짓점 부분의 쌓기나무 1개를 더해서 7개입니다.

[답] 7개

1

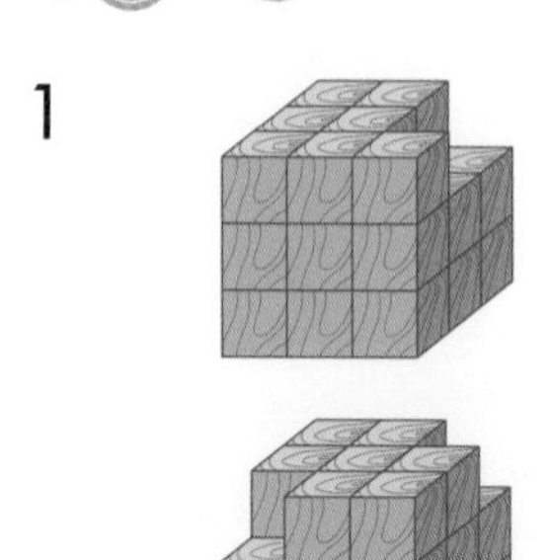

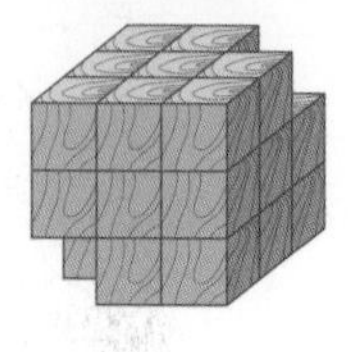

[답] 4가지

2 다음 그림에서 색칠된 쌓기나무 3개와 1층의 보이지 않는 꼭짓점 부분의 쌓기나무 1개입니다. 따라서 모두 4개입니다.

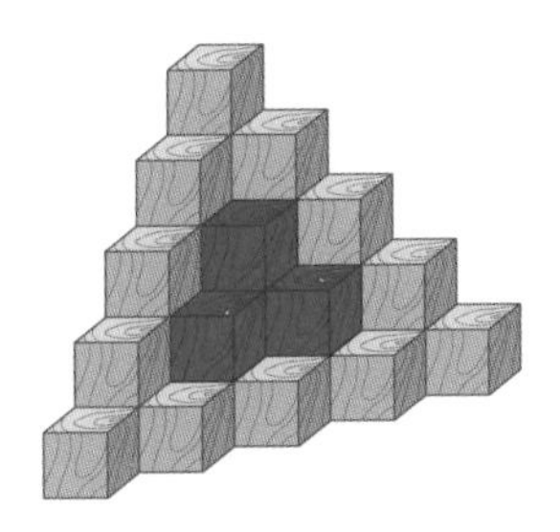

[답] 4개

창의사고력 다지기 p.74~p.75

1 위에서 본 모양의 각 칸에 쌓인 쌓기나무의 개수는 다음과 같습니다. 이때, 위와 아래, 앞과 뒤, 오른쪽 옆과 왼쪽 옆에서 보았을 때 보이지 않는 면은 없습니다.

4			4
3	1		3
2	1	1	2
4	1	1	

따라서 겉넓이는 $(6+6+9)\times2=42(cm^2)$입니다.

[답] $42cm^2$

2

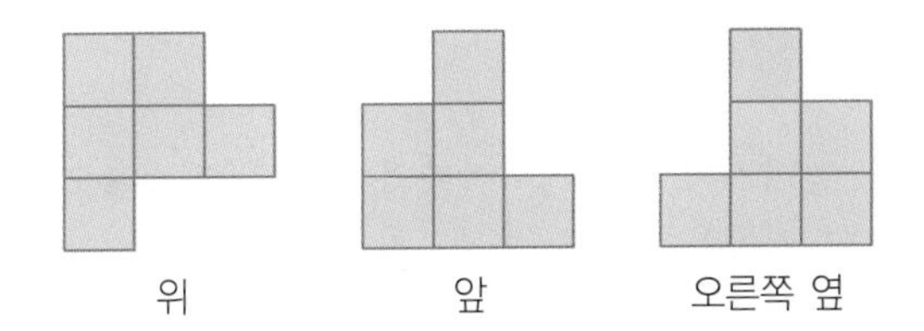

쌓기나무 10개의 면의 수는 $10\times6=60$(개)이고, 위와 아래, 앞과 뒤, 오른쪽 옆과 왼쪽 옆에서 보이는 면의 수는 $(6+6+6)\times2=36$(개)입니다.
따라서 물감이 칠해지지 않은 면의 넓이의 합은 $60-36=24(cm^2)$입니다.

[답] $24cm^2$

3 위, 앞, 옆에서 본 모양은 정육면체와 같고, 위, 앞, 옆에서 보이지 않는 면은 그림과 같이 6개입니다. 따라서 54개 면에 위, 앞, 옆에서 보이지 않는 면의 개수를 더하면 $54+6=60$(개)이므로 이 모양의 겉넓이는 $60cm^2$입니다.

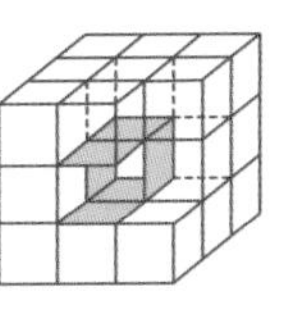

[답] $60cm^2$

4 • 겉넓이가 가장 작은 경우:

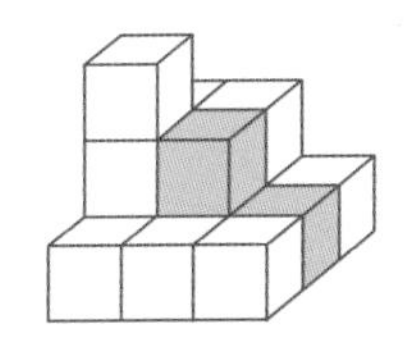

위에서 9개의 면이 보이고, 앞, 옆에서 각각 6개의 면이 보입니다. 따라서 한 면의 넓이가 $4cm^2$이므로 겉넓이는 $\{(9+6+6)\times2\}\times4=168(cm^2)$입니다.

• 겉넓이가 가장 큰 경우(다른 모양도 가능):

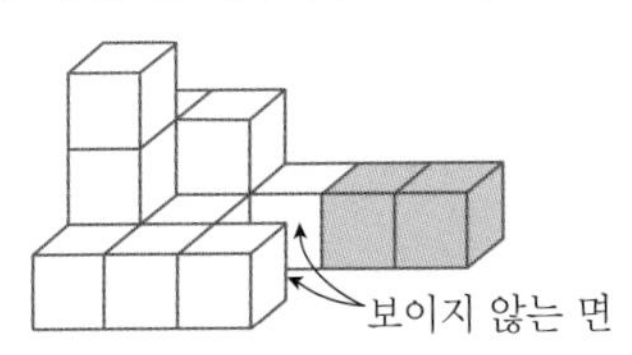

위에서 10개, 앞에서 8개, 옆에서 6개의 면이 보이고 보이지 않는 면이 2개 있습니다.
따라서 겉넓이는
$\{(10+8+6)\times2+2\}\times4=200(cm^2)$입니다.

[답] 가장 작은 경우: $168cm^2$,
가장 큰 경우: $200cm^2$

09 회전체 p.76~p.77

예제 [답] ① 회전축 ② 선대칭도형
③

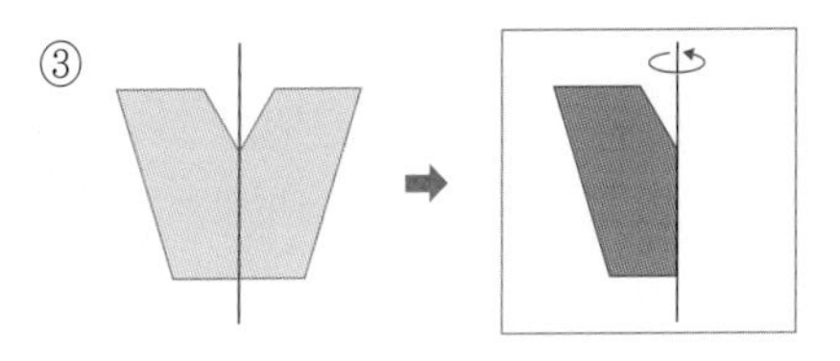

예제 [답] ①

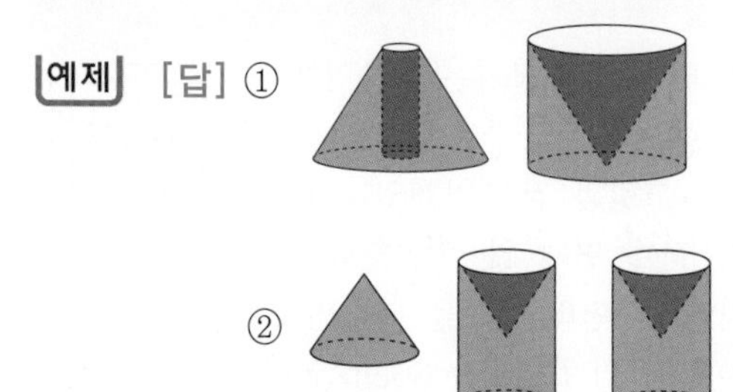

②

유형 09-1 회전체의 단면 p.78~p.79

1 [답]

2 [답]

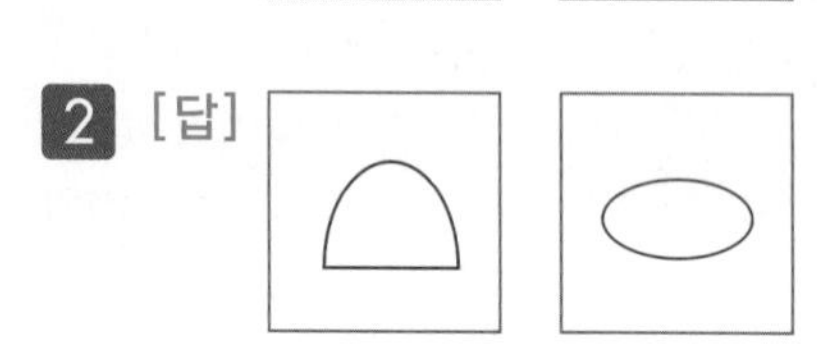

3 ④ ⑥

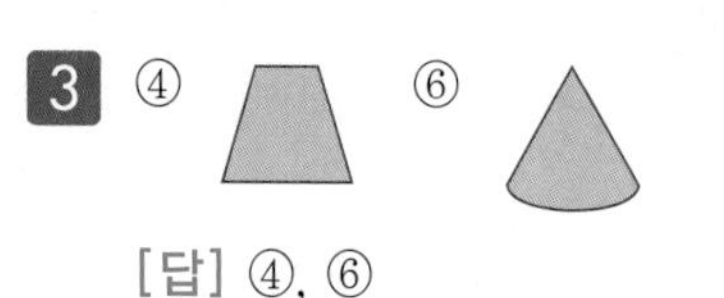

[답] ④, ⑥

확인문제

1 원기둥을 여러 방향에서 평면으로 잘랐을 때, 단면의 모양은 다음과 같습니다.

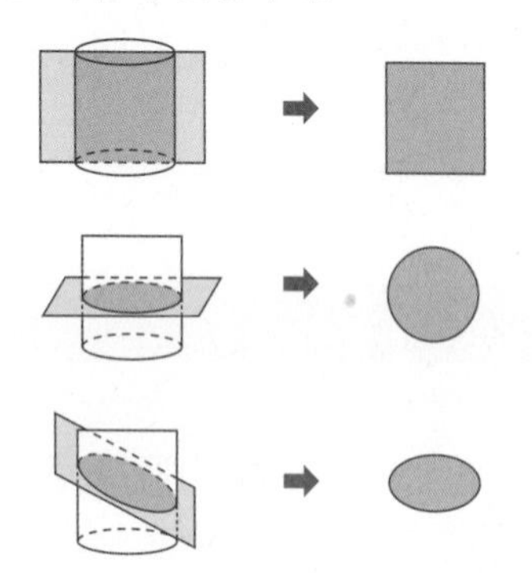

이때, ②, ③과 같은 단면의 모양은 어느 방향으로 자르더라도 만들 수 없습니다.

[답] ②, ③

2 [답]

단면	단면

유형 09-2 넓이가 같은 직사각형의 회전체 p.80~p.81

1 [답] ② 8cm ③ 4cm, 4cm
④ 8cm, 2cm ⑤ 16cm , 1cm

2 (부피)=(한 밑면의 넓이)×(높이)
=(가로의 길이)×(가로의 길이)×3.14×(세로의 길이)
이므로
(①의 부피)$=1\times1\times3.14\times16=50.24(\text{cm}^3)$
(②의 부피)$=2\times2\times3.14\times8=100.48(\text{cm}^3)$
(③의 부피)$=4\times4\times3.14\times4=200.96(\text{cm}^3)$
(④의 부피)$=8\times8\times3.14\times2=401.92(\text{cm}^3)$
(⑤의 부피)$=16\times16\times3.14\times1=803.84(\text{cm}^3)$

[답] ① 50.24cm^3 ② 100.48cm^3
③ 200.96cm^3 ④ 401.92cm^3
⑤ 803.84cm^3

3 [답] 803.84cm^3

확인문제

1 넓이가 일정한 직사각형의 한 변을 회전축으로 하여 원기둥을 만들었을 때, 원기둥의 부피가 최소가 되려면 원기둥의 밑면의 반지름에 해당하는 변의 길이가 가장 짧아야 합니다.

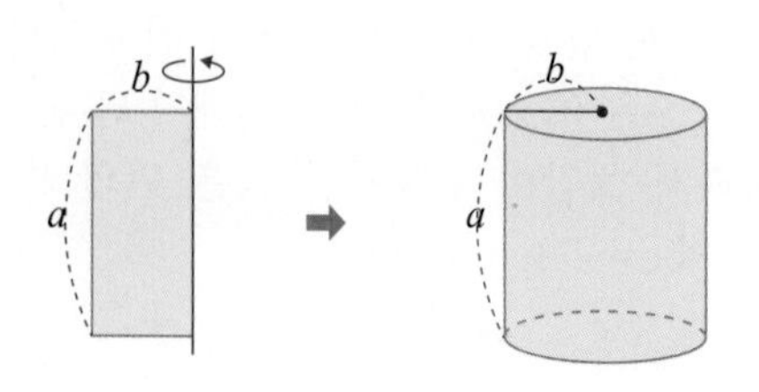

넓이가 $8cm^2$가 되는 (가로의 길이, 세로의 길이)의 쌍을 구하면 (1, 8), (2, 4), (4, 2), (8, 1)입니다.
이때, 가로의 길이가 가장 짧아야 하므로
(가로의 길이)=1cm, (세로의 길이)=8cm가 되어야 합니다.
따라서 이때의 원기둥의 부피는
$1\times1\times3.14\times8=25.12(cm^3)$입니다.

[답] $25.12cm^3$

2 세로의 길이를 a, 가로의 길이를 $3\times a$이라고 하면
가의 방법으로 회전시켰을 때의 회전체의 부피는
$(3\times a)\times(3\times a)\times3.14\times a=9\times a\times a\times a\times3.14$입니다.
나의 방법으로 회전시켰을 때의 회전체의 부피는
$a\times a\times3.14\times(3\times a)=3\times a\times a\times a\times3.14$입니다.
따라서

$$\frac{9\times a\times a\times a\times3.14}{3\times a\times a\times a\times3.14}=\frac{3\times3\times a\times a\times a\times3.14}{3\times a\times a\times a\times3.14}=3$$

이므로 회전체의 부피의 비는 3:1입니다.

[답] 3: 1

창의사고력 다지기

p.82~p.83

1 입체도형의 회전축을 품은 평면으로 자른 단면을 이용하여 그립니다.

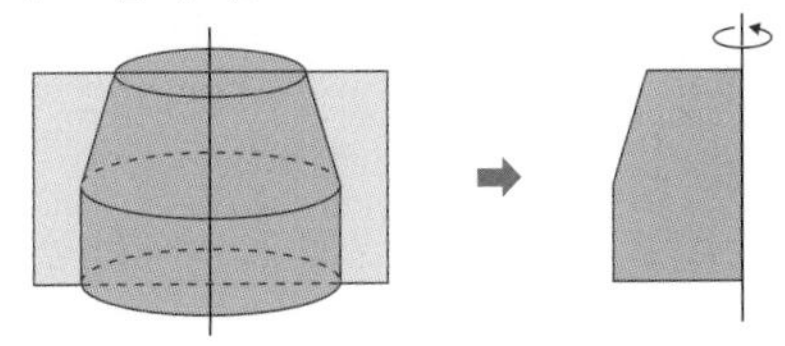

[답] 풀이 참조

2 [답] ①-㉢, ②-㉠, ③-㉡, ④-㉣

3 회전축의 왼쪽에만 또는 오른쪽에만 평면도형이 있다고 생각하면 회전체의 모양은 다음과 같습니다.

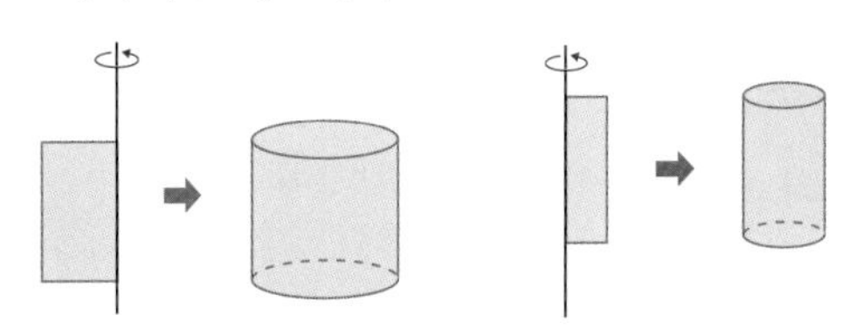

각각의 회전체를 서로 겹쳐 그려서 회전체의 모양을 완성하면 다음과 같습니다.

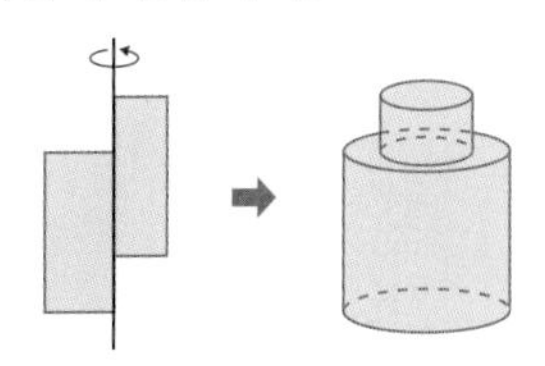

[답] 풀이 참조

4 둘레의 길이가 일정한 직사각형을 회전시켜 만든 원기둥의 겉넓이는 밑면의 넓이가 크고, 높이가 작은 원기둥이 될수록 커집니다.

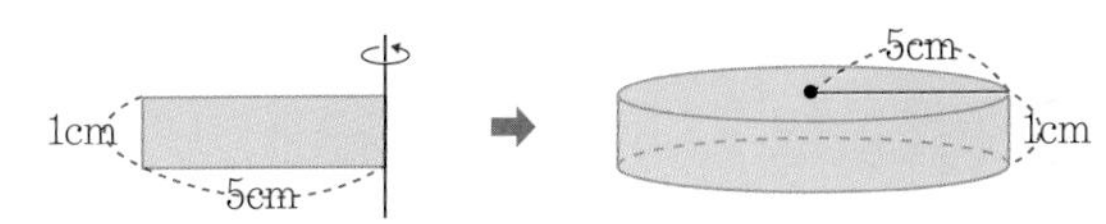

따라서 겉넓이가 가장 클 때의 겉넓이는
$(5\times5\times3.14)\times2+(5\times2\times3.14\times1)=188.4(cm^2)$입니다.

[답] $188.4cm^2$

IX 경우의 수

10 확률 p.86~p.87

예제 [답] ① 3, 4, 5 ② 1, 2, 3, 4, 5, 5

유제 주사위를 던져 나오는 모든 경우의 수는 6이고, 나오는 눈이 3인 경우는 1가지이므로

$\frac{\text{(3의 눈이 나오는 경우의 수)}}{\text{(나오는 눈의 모든 경우의 수)}}=\frac{1}{6}$입니다.

[답] $\frac{1}{6}$

예제 [답] ① 2 ② 2 ③ 2 ④ 3, 2, 6

유형 10-1 순서가 있는 경우의 수 p.88~p.89

1 0은 백의 자리에 올 수 없으므로 백의 자리에 올 수 있는 경우는 3, 5, 7의 3가지입니다.

[답] 3, 5, 7

2 백의 자리에 3을 놓았을 때 만들 수 있는 세 자리 수는 305, 307, 350, 357, 370, 375로 모두 6가지입니다.

[답] 305, 307, 350, 357, 370, 375

3 백의 자리에 5를 놓았을 때 만들 수 있는 세 자리 수는 503, 507, 530, 537, 570, 573으로 모두 6가지입니다.

[답] 503, 507, 530, 537, 570, 573

4 백의 자리에 7을 놓았을 때 만들 수 있는 세 자리 수는 703, 705, 730, 735, 750, 753으로 모두 6가지입니다.

[답] 703, 705, 730, 735, 750, 753

5 순서가 있는 경우의 수는 위의 2, 3, 4와 같이 백의 자리에 올 수 있는 숫자를 구한 다음, 각각의 경우에 조건에 맞는 수를 나열하여 전체의 가짓수를 구하면 됩니다.

따라서 305, 307, 350, 357, 370, 375, 503, 507, 530, 537, 570, 573, 703, 705, 730, 735, 750, 753으로 모두 18가지입니다.

별해 백의 자리에 올 수 있는 숫자는 3가지, 십의 자리에 올 수 있는 숫자는 3가지, 일의 자리에 올 수 있는 숫자는 2가지이므로 모든 경우의 수는 $3\times3\times2=18$입니다.

[답] 18

확인문제

1

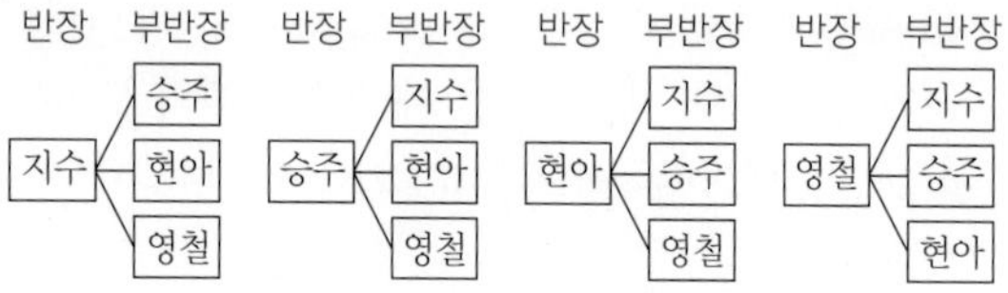

반장	부반장	반장	부반장	반장	부반장	반장	부반장
지수	승주	승주	지수	현아	지수	영철	지수
	현아		현아		승주		승주
	영철		영철		영철		현아

승주가 반장 또는 부반장으로 뽑히는 경우는
지수–승주, 승주–지수, 승주–현아, 승주–영철,
현아–승주, 영철–승주로 모두 6가지입니다.

[답] 6가지

2

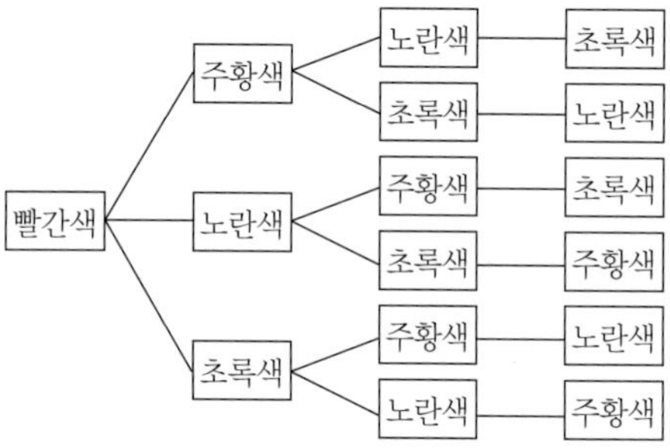

빨간색 – 주황색 – 노란색 – 초록색
빨간색 – 주황색 – 초록색 – 노란색
빨간색 – 노란색 – 주황색 – 초록색
빨간색 – 노란색 – 초록색 – 주황색
빨간색 – 초록색 – 주황색 – 노란색
빨간색 – 초록색 – 노란색 – 주황색

첫째 번에 빨간색 구슬인 경우는 $3\times2\times1=6$(가지)이고, 첫째 번 구슬이 주황색, 노란색, 초록색인 경우도 각각 6가지씩이므로 모든 경우의 수는 $6\times4=24$입니다.

[답] 24

유형 10-2 동시에 일어날 확률 p.90~p.91

1 사건 A가 일어날 확률이 p일 때, 사건 A가 일어나지 않을 확률은 $(1-p)$입니다. 따라서 비가 온 다음 날 비가 오지 않을 확률을 □라고 할 때, $\frac{1}{4}+□=1$, $□=\frac{3}{4}$이므로 비가 온 다음 날 비가 오지 않을 확률은 $\frac{3}{4}$입니다.

[답] $\frac{3}{4}$

2 [답] $\frac{1}{16}$, ×, $\frac{3}{4}$, $\frac{1}{3}$, $\frac{1}{4}$

3 수요일에 비가 왔을 때, 목요일에 비가 올 수도 있고 오지 않을 수도 있으므로 금요일에도 비가 올 확률은 **2**의 경우 1과 경우 2를 더하면 됩니다.

따라서 $\frac{1}{16}+\frac{1}{4}=\frac{5}{16}$ 입니다.

[답] $\frac{5}{16}$

확인문제

1 월요일과 화요일에 연속해서 맑을 확률은 월요일에 맑을 확률과 화요일에 맑을 확률을 곱한 값입니다.
따라서 구하는 확률은

$\frac{20}{100}\times\frac{60}{100}=\frac{1}{5}\times\frac{3}{5}=\frac{3}{25}$ 입니다.

[답] $\frac{3}{25}$

2 이긴 다음 날 ┌(이길 확률)$=\frac{1}{2}$
└(질 확률)$=\frac{1}{2}$

진 다음 날 ┌(이길 확률)$=\frac{1}{3}$
└(질 확률)$=\frac{2}{3}$

이긴 경우 ○, 진 경우는 ×로 표시하면 다음과 같이 2가지 경우로 나누어 구할 수 있습니다.

날짜	9일	10일	11일
경우 1	○	○	○
		$\frac{1}{2}$ ×	$\frac{1}{2}=\frac{1}{4}$
경우 2	○	×	○
		$\frac{1}{2}$ ×	$\frac{1}{3}=\frac{1}{6}$

따라서 구하는 확률은 $\frac{1}{4}+\frac{1}{6}=\frac{5}{12}$ 입니다.

[답] $\frac{5}{12}$

창의사고력 다지기

p.92~p.93

1 미애가 "~갈지는 모르겠지만, ~안 하겠다."고 한 말에서 '□□할지 모르겠다.'는 참일 가능성이 50%, '□□안 하겠다.'는 참일 가능성이 20%이므로

$\frac{50}{100}\times\frac{20}{100}=\frac{1}{10}$=10%입니다.

[답] 10%

2 A에서 B까지 최단 거리로 가는 방법은 2가지, B에서 C까지 최단 거리로 가는 방법은 3가지이므로 A에서 B를 거쳐 C까지 가는 최단 거리는 모두 2×3=6(가지)입니다.

[답] 6가지

3

	1	2	3	4	5	6
6	(1, 6)○	(2, 6)	(3, 6)	(4, 6)	(5, 6)	(6, 6)
5	(1, 5)○	(2, 5)○	(3, 5)	(4, 5)	(5, 5)	(6, 5)
4	(1, 4)○	(2, 4)○	(3, 4)○	(4, 4)	(5, 4)	(6, 4)
3	(1, 3)○	(2, 3)○	(3, 3)○	(4, 3)○	(5, 3)	(6, 3)
2	(1, 2)○	(2, 2)○	(3, 2)○	(4, 2)○	(5, 2)○	(6, 2)
1	(1, 1)	(2, 1)○	(3, 1)○	(4, 1)○	(5, 1)○	(6, 1)○

2개의 주사위를 던졌을 때, 나올 수 있는 모든 경우는 36가지입니다. 두 눈의 합이 3 이상 7 이하인 경우는 위의 표에서 ○표 한 것이므로 모두 20가지입니다.
따라서 (두 눈의 수의 합이 3 이상 7 이하가 나올 확률)

$=\frac{\text{(두 눈의 수의 합이 3 이상 7 이하인 경우의 수)}}{\text{(주사위를 동시에 던질 때의 모든 경우의 수)}}$

$=\frac{20}{36}=\frac{5}{9}$ 입니다.

[답] 풀이 참조, $\frac{5}{9}$

4 비 오지 않은 다음 날 ┌(비 오지 않을 확률)$=\frac{3}{4}$
└(비 올 확률)$=\frac{1}{4}$

비 온 다음날 ┌(비 오지 않을 확률)$=\frac{1}{3}$
└(비 올 확률)$=\frac{2}{3}$

비 오지 않은 날은 ○, 비 온 날은 ×로 표시하면, 다음과 같이 2가지 경우로 나누어 구할 수 있습니다.

요일	화	수	목
경우 1	○	○	○
		$\frac{3}{4}$ ×	$\frac{3}{4}=\frac{9}{16}$
경우 2	○	×	○
		$\frac{1}{4}$ ×	$\frac{1}{3}=\frac{1}{12}$

따라서 구하는 확률은 $\frac{9}{16}+\frac{1}{12}=\frac{31}{48}$입니다.

[답] $\frac{31}{48}$

11 공정한 게임 p.94~p.95

예제 [답] ① 8, 4000, 5000, 6000, 7000, 8000
② 8, 4500 ③ 4500

예제 [답] ① 10 ② 9, 9, 9 ③ 9, 9, 9
④ 28, 280000, 2800

유형 11-1 공정한 주사위 게임 p.96~p.97

1 [답]

윤호＼미진	1	2	3	4	5	6
1	2	3	4	5	6	7
2	3	4	5	6	7	8
3	4	5	6	7	8	9
4	5	6	7	8	9	10
5	6	7	8	9	10	11
6	7	8	9	10	11	12

2 주사위의 눈의 합을 나타낸 표를 살펴보면 주사위의 눈의 합이 5인 경우는 4번이고, 8인 경우는 5번입니다.

[답] 4가지, 5가지

3 이 게임에서 주사위의 눈의 수의 합이 5일 확률은 $\frac{4}{36}$이고, 주사위의 눈의 수의 합이 8일 확률은 $\frac{5}{36}$입니다. 주사위의 눈의 수의 합이 8일 확률이 $\frac{1}{36}$만큼 더 크므로 윤호에게 더 유리합니다.

따라서 이 게임은 공정하다고 할 수 없습니다.

[답] 윤호, 공정하지 않습니다.

4 2개의 주사위의 눈의 수의 합이 7인 경우가 6가지로 가장 많습니다. 따라서 7이 될 확률이 가장 높으므로 7을 선택하는 것이 유리합니다.

[답] 7

확인문제

1 2개의 주사위를 던져서 나온 두 눈의 수의 곱이 될 수 있는 경우를 표로 만들면 다음과 같습니다.

승희＼윤주	1	2	3	4	5	6
1	①	2	③	4	⑤	6
2	2	4	6	8	10	12
3	③	6	⑨	12	⑮	18
4	4	8	12	16	20	24
5	⑤	10	⑮	20	㉕	30
6	6	12	18	24	30	36

표를 보면 주사위 2개의 눈의 수의 곱이 홀수인 경우는 9가지이므로 확률은 $\frac{9}{36}$이고, 짝수인 경우는 27가지이므로 확률은 $\frac{27}{36}$입니다.

따라서 짝수일 확률이 더 크므로 승희에게 더 유리한 게임입니다.

[답] 승희에게 더 유리한 게임입니다.

2 빨간색 카드 2장을 각각 A, B, 파란색 카드 1장을 a라고 하면, 상자에서 카드 2장을 꺼내는 경우는 (A, a), (B, a), (A, B)로 3가지입니다.
따라서 두 장의 카드 색깔이 다를 가능성이 더 높습니다. 이 게임을 공정한 게임으로 만들기 위해서 파란색 카드 b를 1장 더 넣으면 나올 수 있는 경우는

2장의 카드 색깔이 같은 경우는 AB, ab로 2가지, 다른 경우는 Aa, Ab, Ba, Bb로 4가지이므로 카드 색깔이 다른 경우가 더 많습니다.
만약, 빨간색 카드 C를 1장 더 넣으면 나올 수 있는 경우는 2장의 카드 색깔이 같은 경우는 AB, AC, BC로 3가지, 다른 경우는 Aa, Ba, Ca로 3가지이므로 카드 색깔이 같을 가능성과 다를 가능성이 같습니다.
따라서 공정한 게임으로 만들기 위해서는 빨간색 카드를 1장 더 넣어야 합니다.

[답] 다를 가능성이 더 높습니다. 이 게임을 공정한 게임으로 만들기 위해서는 빨간색 카드 1장을 더 넣으면 됩니다.

유형 11-2 공정한 분배 p.98~p.99

1 [답]

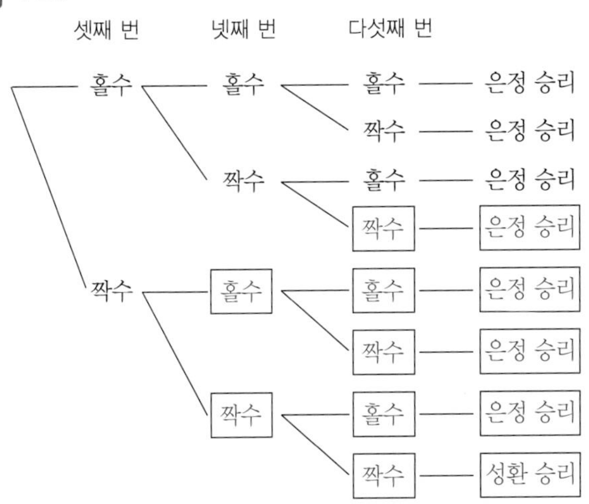

2 **1**에서 은정이가 이기는 경우는 7가지이고, 성환이가 이기는 경우는 1가지입니다.

[답] 은정: 7가지, 성환: 1가지

3 은정이가 이기는 경우는 7가지로 $\frac{7}{8}$이고, 성환이가 이기는 경우는 1가지로 $\frac{1}{8}$이므로 16개의 구슬 중에서 은정이가 $16\times\frac{7}{8}=14$(개),
성환이가 $16\times\frac{1}{8}=2$(개) 가지는 것이 공정합니다.

[답] 은정: 14개, 성환: 2개

확인문제

1 게임을 계속하여 동전을 넷째 번으로 던졌을 때와 다섯째 번으로 던졌을 때 동전의 숫자면과 그림면이 나오는 경우는 다음과 같습니다.

넷째 번	다섯째 번	
숫자면	숫자면	진이가 이김
	그림면	진이가 이김
그림면	숫자면	진이가 이김
	그림면	수정이가 이김

따라서 진이가 이기는 경우는 3가지이고, 수정이가 이기는 경우는 1가지이므로 게임에 건 1200원을
진이는 $1200\times\frac{3}{4}=900$(원),
수정이는 $1200\times\frac{1}{4}=300$(원)으로 나누어 가지는 것이 공정합니다.

[답] 진이: 900원, 수정: 300원

2 동전의 숫자면을 ○, 그림면을 ×로 표시하여 모든 경우를 나타내면 다음과 같습니다.

A	B	이긴 사람
○	○ ○	B
	○ ×	A
	× ○	A
	× ×	A
×	○ ○	B
	○ ×	B
	× ○	B
	× ×	A

따라서 이기는 경우는 A도 4번, B도 4번이므로 공정한 게임입니다.

[답] 공정한 게임입니다.

창의사고력 다지기 p.100~p.101

1 오른쪽 그림과 같이 정육각형 모양의 회전판을 6등분하면 2는 3칸, 4는 2칸, 10은 1칸입니다.

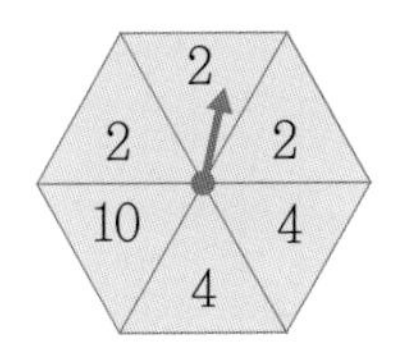

오른쪽 그림과 같이 정육각형 모양의 회전판을 6등분하면 2는 3칸, 4는 2칸, 10은 1칸입니다.

(받을 수 있는 금액의 평균)

$=200\times\frac{3}{6}+400\times\frac{2}{6}+1000\times\frac{1}{6}$

$=\frac{600}{6}+\frac{800}{6}+\frac{1000}{6}=\frac{2400}{6}=400$(원)

따라서 참가비로 400원을 내야 공정한 게임이 되는데, 참가비로 500원을 냈으므로 공정한 게임이 아닙

2 이 게임이 끝나기 위해서는 최대 3번의 게임을 해야 합니다. 게임을 계속 진행하여 A가 최종 이기는 경우와 B가 최종 이기는 경우를 나타내면 다음과 같습니다. (이때, A가 이기는 경우를 ○, B가 이기는 경우를 ×로 나타냅니다.)

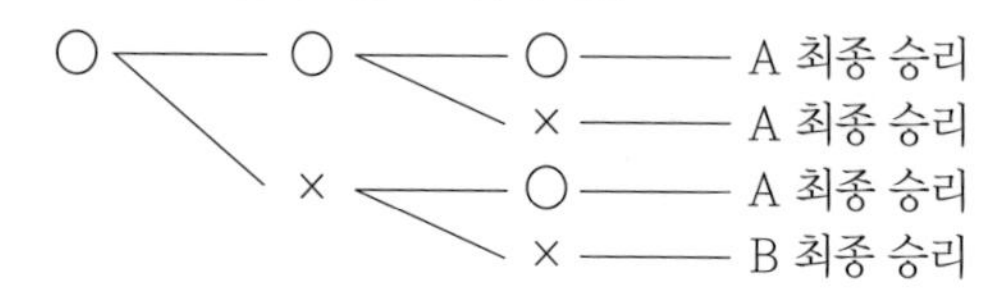

따라서 A가 최종 이기는 경우는 3가지, B가 최종 이기는 경우는 1가지이므로 금화 24개를

A는 $24\times\frac{3}{4}=18$(개), B는 $24\times\frac{1}{4}=6$(개)로 나누어 가지는 것이 가장 합리적입니다.

[답] A: 18개, B: 6개

3 검은색 바둑돌을 ㉠, 흰색 바둑돌 3개를 각각 Ⓐ, Ⓑ, Ⓒ라고 하면, 구슬 2개를 꺼내는 경우는 다음과 같습니다.

㉠Ⓐ, ㉠Ⓑ, ㉠Ⓒ, ⒶⒷ, ⒶⒸ, ⒷⒸ

이때, 같은 색과 다른 색이 나올 가능성은 같으므로 참가비는 1500÷2=750(원)이어야 공정합니다.

[답] 750원

4 구슬 한 개를 가지는 100가지 경우 중에서 3만 원을 받는 것은 1가지 경우뿐입니다.
따라서 구슬 한 개의 가치는 30000÷100=300(원)입니다.

[답] 300원

12 색칠하기 p.102~p.103

예제 [답] ② 2 ③ ㈏, 2 ④ 2, 2, 12

예제

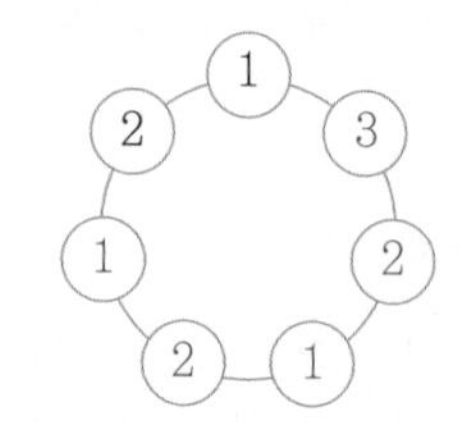

[답] ① 1 ② 2, 1, 2 ③ 2 ④ 3

유형 12-1 색칠하는 방법의 수 p.104~p.105

1 [답] 2

2 [답] 2가지

3 [답] 3가지

4 4×3×2×2×3=144(가지)

[답] 144가지

확인문제

1 ㉠, ㉡, ㉢, ㉣의 순서로 색칠할 때, 칠할 수 있는 색의 가짓수는 각각 4, 3, 2, 3가지입니다.
따라서 색칠하는 서로 다른 방법은 모두 4×3×2×3=72(가지)입니다.

[답] 72가지

2 다음과 같이 5개의 영역을 ㉠, ㉡, ㉢, ㉣, ㉤이라 하면,

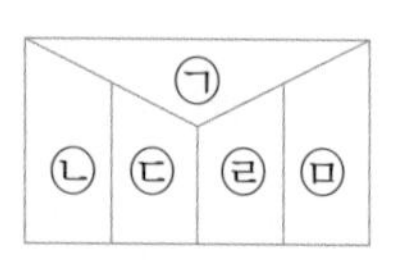

㉠에 칠할 수 있는 색의 가짓수는 3가지,
㉡에 칠할 수 있는 색의 가짓수는 ㉠에 칠한 색을 제외한 2가지,
㉢에 칠할 수 있는 색의 가짓수는 ㉠과 ㉡에 칠한

색을 제외한 1가지,
㉣에 칠할 수 있는 색의 가짓수는 ㉠과 ㉢에 칠한 색을 제외한 1가지,
㉤에 칠할 수 있는 색의 가짓수는 ㉠과 ㉣에 칠한 색을 제외한 1가지이므로 색칠하는 서로 다른 방법은 모두 3×2×1×1×1=6(가지)입니다.

[답] 6가지

유형 12-2 입체도형 색칠하기 p.106~p.107

1 [답] 1가지, 1가지

2 [답] 1가지, 1가지

3 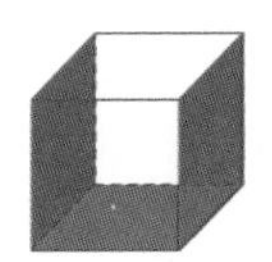 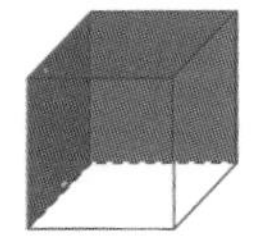

[답] 2가지

4

빨간색이 칠해진 면의 수	0개	1개	2개	3개	4개	5개	6개
가짓수	1	1	2	2	2	1	1

1+1+1+1+2+2+2=10(가지)

[답] 10가지

확인문제

1

보라색이 칠해진 면의 수	0개	1개	2개	3개	4개
가짓수	1	1	1	1	1

[답] 5가지

2

검은색이 칠해진 면의 수	0개	1개	2개	3개	4개	5개
가짓수	1	2	3	3	2	1

[답] 12가지

창의사고력 다지기 p.108~p.109

1 가에 칠할 수 있는 색의 가짓수: 4가지
나에 칠할 수 있는 색의 가짓수: 가에 칠한 색을 제외한 3가지
다에 칠할 수 있는 색의 가짓수: 가, 나에 칠한 색을 제외한 2가지
라에 칠할 수 있는 색의 가짓수: 나, 다에 칠한 색을 제외한 2가지
따라서 사탕 모양을 색칠할 수 있는 방법은 모두 4×3×2×2=48(가지)입니다.

[답] 48가지

2 색의 종류를 1, 2, 3, 4, …와 같이 번호로 표시해 보면, 다음과 같이 3가지 색으로 지도의 각 영역을 구분할 수 있습니다.

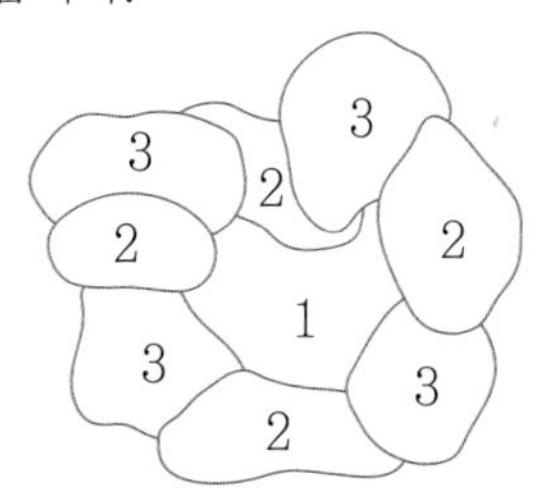

[답] 3가지

3 가, 나, 다, 라의 순서로 색칠할 때, 칠할 수 있는 색의 가짓수는 각각 3, 2, 2, 2가지입니다.

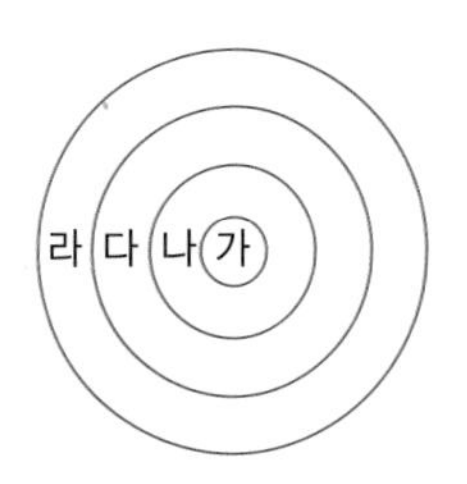

따라서 과녁을 서로 다른 방법으로 색칠할 수 있는 방법은 모두 3×2×2×2=24(가지)입니다.

[답] 24가지

4

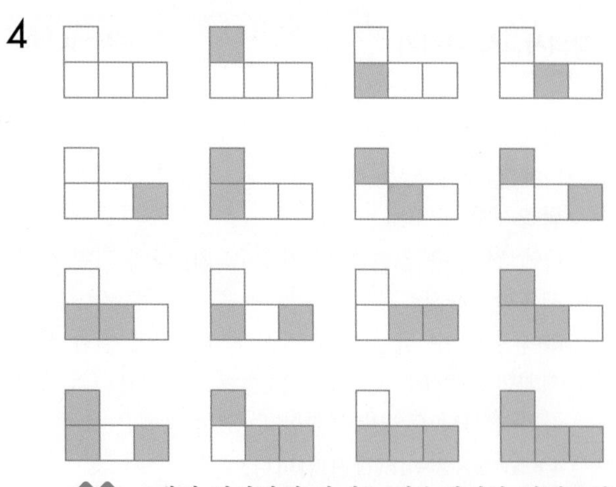

별해 1개의 정사각형 안에는 검은색이나 흰색 2가지 방법으로 색칠할 수 있습니다. 정사각형은 모두 4개가 있으므로 곱의 법칙을 이용하면 주어진 도형은 모두

$2\times2\times2\times2=16$(가지) 방법으로 색칠할 수 있습니다.

[답] 16가지

X 규칙과 문제해결력

13 일과 효율 p.112~p.113

예제 [답] ① 30, $\frac{1}{30}$, 60, $\frac{1}{60}$

② $\frac{1}{30}$, $\frac{1}{60}$, $\frac{1}{20}$ ③ $\frac{1}{20}$, 20

유제 전체 일의 양을 1이라 하면, A가 1시간 동안 할 수 있는 일의 양은 $1\div10=\frac{1}{10}$, B가 1시간 동안 할 수 있는 일의 양은 $1\div40=\frac{1}{40}$입니다.

따라서 A, B가 함께 일을 하면 A, B가 1시간 동안 할 수 있는 일의 양은 $\frac{1}{10}+\frac{1}{40}=\frac{1}{8}$이므로 걸리는 시간은 $1\div\frac{1}{8}=8$(시간)입니다.

[답] 8시간

예제 [답] ① 48, 60 ② 60, 48, 3

유제 소 1마리가 1일 동안 먹는 풀의 양을 1이라고 할 때, 풀을 처음 상태로 유지하려면 1일 동안 자라는 풀의 양인 3씩만 매일 먹어야 하므로 3마리의 소를 키워야 합니다.

[답] 3마리

유형 13-1 일의 효율의 활용 p.114~p.115

1 전체 일의 양을 1이라 할 때,

동원이가 하루에 할 수 있는 일의 양은 $1\div20=\frac{1}{20}$,

우성이가 하루에 할 수 있는 일의 양은 $1\div30=\frac{1}{30}$

입니다.

[답] 동원: $\frac{1}{20}$, 우성 : $\frac{1}{30}$

2 동원이와 우성이가 함께 일을 하면, 하루 동안 할 수 있는 일의 양은 $\frac{1}{20}+\frac{1}{30}=\frac{1}{12}$ 입니다.

[답] $\frac{1}{12}$

3 두 사람이 함께 10일 동안 한 일의 양은 $\frac{1}{12}\times10=\frac{5}{6}$이고, 남은 일의 양은 전체 1에서 일한 양인 $\frac{5}{6}$를 뺀 $\frac{1}{6}$입니다.

[답] 10일 동안 한 일의 양: $\frac{5}{6}$,
남은 일의 양: $\frac{1}{6}$

4 남은 일의 양은 $\frac{1}{6}$이고 우성이가 하루에 할 수 있는 일의 양은 $\frac{1}{30}$이므로 남은 일을 우성이가 혼자 할 때에는 $\frac{1}{6}\div\frac{1}{30}=5$(일)이 걸립니다.
따라서 전체 일을 모두 마치는 데에는 $10+5=15$(일)이 걸립니다.

[답] 5일, 15일

확인문제

1 한 사람이 하루 동안 할 수 있는 일의 양을 1이라고 할 때, 6명이 18일 동안 할 수 있는 전체 일의 양은 $6\times18=108$입니다.
3명만 일한 날수를 $\square$일이라고 할 때,
$4\times6+3\times\square=108$이므로 $\square=28$(일)입니다.

[답] 28일

2 전체 일의 양을 1이라 하면 남자가 1일 동안 할 수 있는 일의 양은 $\frac{1}{3}$이고, 여자가 1일 동안 할 수 있는 일의 양은 $\frac{1}{5}$입니다.
남자 1명이 1일 동안 할 수 있는 일의 양은 $\frac{1}{3}$이므로, 남자 6명이 5일 동안 할 수 있는 일의 양은 $\frac{1}{3}\times6\times5=10$입니다.
남자 3명과 여자 3명이 함께 1일 동안 할 수 있는 일의 양은 $\frac{1}{3}\times3+\frac{1}{5}\times3=\frac{8}{5}$이므로 일을 마치는 데 걸리는 날수는 $10\div\frac{8}{5}=6\frac{1}{4}$(일)입니다.
따라서 7일째에 일을 마치게 됩니다.

[답] 7일

유형 13-2 욕조에 물 받기 p.116~p.117

1 수도꼭지 A는 2초에 90mL의 물이 나오므로 1초에 나오는 물의 양은 $90\div2=45$(mL)입니다.
수도꼭지 B는 5초에 190mL의 물이 나오므로 1초에 나오는 물의 양은 $190\div5=38$(mL)입니다.

[답] 수도꼭지 A: 45mL, 수도꼭지 B: 38mL

2 욕조의 바닥의 구멍을 통하여 1초 동안 새어 나가는 물의 양은 $9\div3=3$(mL)입니다.

[답] 3mL

3 수도꼭지 A에서 1초 동안 나오는 물의 양은 45mL, 수도꼭지 B에서 1초 동안 나오는 물의 양은 38mL입니다. 그리고 동시에 욕조의 바닥의 구멍으로 1초 동안 새어 나가는 물의 양은 3mL이므로 욕조에 1초 동안 채워지는 물의 양은 $45+38-3=80$(mL)입니다.

[답] 80mL

4 1초 동안 욕조에 채워지는 물의 양은 80mL이고, 20L=20000mL이므로 20L의 욕조를 채우는데 걸리는 시간은 $20000\div80=250$(초)입니다.

[답] 250초

확인문제

1 1분 동안 나오는 뜨거운 물의 양은 70mL이고, 차가운 물의 양은 $150\div3=50$mL이므로
1분 동안 채워지는 물의 양은 $70+50=120$(mL)입니다. 6L=6000mL이므로 6L의 물통에 물이 가득 차는 데 걸리는 시간은 $6000\div120=50$(분)입니다.

[답] 50분

2 그릇에 가득 찬 물의 양을 1이라고 할 때, 병아리는 1분에 전체 물의 $\frac{1}{30}$을 마시므로 6분 동안 전체 물의 $\frac{6}{30}=\frac{1}{5}$을 마십니다.
따라서 병아리가 마시고 남은 물의 양은
$1-\frac{1}{5}=\frac{4}{5}$이고, 강아지는 1분에 전체 물의 $\frac{1}{20}$을 마시므로 남은 물을 모두 마시려면
$\frac{4}{5}\div\frac{1}{20}=16$(분)이 걸립니다.

[답] 16분

창의사고력 다지기 p.118~p.119

1 전체 일의 양을 1이라 하면 A가 하루에 할 수 있는 일의 양은 $\frac{1}{4}$, B가 하루에 할 수 있는 일의 양은 $\frac{1}{6}$, C가 하루에 할 수 있는 일의 양은 $\frac{1}{12}$입니다.
A, B, C 세 사람이 함께 일을 하면 하루에 할 수 있는 일의 양은 $\frac{1}{4}+\frac{1}{6}+\frac{1}{12}=\frac{6}{12}=\frac{1}{2}$입니다.
따라서 전체 일의 양은 1이므로 세 사람이 함께 일할 때 걸리는 시간은 $1\div\frac{1}{2}=2$(일)입니다.

[답] 2일

2 소 1마리가 1일 동안 먹는 풀의 양을 1이라고 하면, 소 5마리가 4일 동안 먹는 풀의 양은 5×4=20이고, 소 3마리가 8일 동안 먹는 풀의 양은 3×8=24입니다.
8일 동안 먹는 풀의 양과 4일 동안 먹는 풀의 양의 차는 4일 동안 자란 풀의 양이므로 1일 동안 자란 풀의 양은 (24－20)÷4=1입니다.
따라서 1마리의 소를 키우면 처음 풀의 양이 일정하게 유지됩니다.

[답] 1마리

3 일꾼 1명이 1시간 동안 사과를 따는 일의 양을 1이라고 하면 일꾼 10명이 1시간 동안 사과를 따는 일의 양은 1×10=10이고, 일꾼 10명이 10시간 동안 사과를 따는 일의 양은 10×10=100(전체 일의 양)입니다.
일꾼 5명이 4시간 동안 사과를 따는 일의 양은 5×4=20이므로 남은 일의 양은 100－20=80입니다. 나중에 3명의 일꾼이 더 왔으므로 일꾼 8명이 남은 일 80을 모두 끝내려면 80÷8=10(시간) 동안 일을 더 해야 합니다.

[답] 10시간

4 수도꼭지 A만 10분 동안 틀었을 때 채워진 물의 양은 170－110=60(L)이므로 수도꼭지 A에서는 1분에 60÷10=6(L)의 물이 나옵니다.
따라서 수도꼭지 A만 틀어서 받은 물의 양은 200－110=90(L)이므로 90÷6=15(분)후에 물이 가득 찹니다.

[답] 15분

14 비를 이용한 문제 해결 p.120~p.121

예제 [답] ① 25, 6000 ② 10000
③ 16000, 15000 ④ 1000, 손해

유제 수학책이 영어책보다 50% 더 많이 팔렸다는 것은 영어책이 100권 팔릴 때, 수학책은 150권 팔렸다는 것이므로 전체 250권 중에서 수학책을 파는 비율은 $\frac{150}{250}=0.6$입니다.
따라서 일주일 동안 영어책과 수학책을 1000권 팔았을 경우, 수학책은 1000×0.6=600(권) 팔렸습니다.

[답] 600권

예제 [답] ① 타수 ② 34
③ 17, 11, 187 ④ 187

유제 (타율)=(안타 수)÷(타수)이므로 정석이의 타율은 90÷250=0.36 ➡ 3할 6푼입니다.

[답] 3할 6푼

유형 14-1 무게의 변화 p.122~p.123

1 5kg 중에서 90%가 물이었으므로 10%가 물을 제외한 부분입니다.
따라서 물을 제외한 호박의 무게는 5×0.1=0.5(kg)입니다.

[답] 0.5kg

2 호박의 무게 중 80%가 물이 되었으므로
100－80=20(%)가 물을 제외한 부분의 무게입니다.

[답] 20%

3 호박의 물을 제외한 부분이 호박 전체의 20%이고 무게가 0.5kg이므로 호박의 80%의 무게인 물은 0.5×4=2(kg)입니다. 따라서 호박의 전체 무게는 0.5+2=2.5(kg)입니다.

[답] 2.5kg

확인문제

1 □는 △의 250%이므로 □는 △의 2.5배입니다.
△가 2라고 하면 □는 5가 되고, △의 2배는 4이므로 △의 2배는 □의 $\frac{4}{5}\times100=80\%$입니다.

[답] 80%

2 처음 생수의 수는 250병의 20% 이므로
$\frac{20}{100}\times250=50$(병),
주스의 수는 $250-50=200$(병)이었습니다.
창고에서 주스를 꺼낸 후 생수의 수가 남아 있는 병의 수의 25%라고 했으므로 50병이 남아 있는 병의 25%가 됩니다.
따라서 남아 있는 것은 모두 $50\times4=200$(병)이고, 이 중에서 주스는 $200-50=150$(병)이므로 꺼낸 주스는 $200-150=50$(병)입니다.

[답] 50병

유형 14-2 타격왕 p.124~p.125

1 장정훈 선수의 안타 수는 $0.625=$(안타 수)$\div32$이므로 안타 수는 20입니다.
이상엽 선수의 안타 수는 $0.625=$(안타 수)$\div24$이므로 안타 수는 15입니다.

[답] 장정훈: 20안타, 이상엽: 15안타

2 장정훈 선수의 7차전까지의 타수는 $32+4=36$이고, 안타 수는 20입니다.
이상엽 선수의 7차전까지의 타수는 $24+4=28$이고, 안타 수는 15입니다.

[답] 장정훈: 36타수, 20안타
이상엽: 28타수, 15안타

3 (장정훈 선수의 타율)$=\frac{20}{36}=0.5555\cdots$이므로 반올림하여 소수 셋째 자리까지 구하면 0.556이고 5할 5푼 6리입니다.
(이상엽 선수의 타율)$=\frac{15}{28}=0.5357\cdots$이므로 반올림하여 소수 셋째 자리까지 구하면 0.536이고 5할 3푼 6리입니다.
따라서 타격상을 받을 선수는 장정훈 선수입니다.

[답] 장정훈

확인문제

1 A 선수의 안타 수를 ■라고 하면 $0.375=\frac{■}{40}$이므로 $■=15$(개)입니다.
B 선수의 안타 수를 ●라고 하면 $0.375=\frac{●}{48}$이므로 $●=18$(개)입니다.
따라서 B가 A보다 안타를 더 많이 쳤습니다.

[답] B

2 (타율)$=\frac{(\text{안타 수})}{(\text{타수})}$이므로 종식이가 공을 친 횟수를 ■라고 하면 $0.28=\frac{21}{■}$, $■=75$(번)입니다.
따라서 종식이는 공을 75번 쳤습니다.

[답] 75번

창의사고력 다지기 p.126~p.127

1 사람 수가 변하기 전의 A 마을의 사람 수를 a, B 마을의 사람 수를 b라고 합니다.
A 마을의 사람 수는 20% 증가했으므로
$a+0.2\times a=1.2\times a$ 이고, B 마을의 사람 수는 10% 감소했으므로 $b-0.1\times b=0.9\times b$입니다.
이때 두 마을의 사람 수가 같아졌으므로
$1.2\times a=0.9\times b$, $4\times a=3\times b$입니다.
따라서 a는 b의 $\frac{3}{4}$이므로 사람 수가 변하기 전의 A 마을의 사람 수는 B 마을의 $\frac{3}{4}\times100=75(\%)$입니다.

[답] 75%

2 첫째 번 컴퓨터는 원가에 50%를 더하여 판매한 가격이 75만 원이므로 원가는 50만 원입니다.
둘째 번 컴퓨터는 원가에서 50%를 빼서 판매한 가격이 75만 원이므로 원가는 150만 원입니다.
두 대의 컴퓨터의 원가의 합은 $50+150=200$(만 원)이고, 두 대를 $75+75=150$(만 원)에 팔았으므로 $200-150=50$(만 원)의 손해를 보았습니다.

[답] 손해를 보았습니다.

3 가게별로 인상된 후의 가격과 할인된 가격을 구합니다.

A 가게:
20000원의 가방을 20% 인상 → 24000원
24000원의 가방을 10% 추가로 인상 → 26400원

B 가게:
40000원의 가방을 25% 할인 → 30000원
30000원의 가방을 15% 추가로 할인 → 25500원

따라서 B 가게에서 사는 것이 A 가게에서 사는 것보다 900원 더 싸게 살 수 있습니다.

[답] B가게

4 먼저 두 사람의 안타 수를 구합니다.
$\frac{(\text{안타 수})}{(\text{타수})}$=(타율)이므로 양준헌 선수의 안타 수 ■는 $\frac{■}{32}=0.25$, ■=8안타이고, 한대호 선수의 안타 수 ●는 $\frac{●}{36}=0.25$, ●=9(안타)입니다.
두 사람이 한 경기를 더 해서 모두 5타수 1안타였으므로 양준헌 선수는 37타수 9안타, 한대호 선수는 41타수 10안타입니다.
따라서 양준헌 선수의 타율은
$\frac{9}{37}=0.2432\cdots$ ➡ 2할 4푼 3리이고,
한대호 선수의 타율은 $\frac{10}{41}=0.2439\cdots$ ➡ 2할 4푼 4리이므로 한대호 선수의 타율이 더 높습니다.

[답] 한대호

15 거꾸로 생각하기 p.128~p.129

예제 [답] ① 60, 60, 180

②

물의 양	
A 그릇	B 그릇
120	120
180 (120+60)	60(120÷2)
90 (180÷2)	150 (60+ 90)
165 (90+ 75)	75 (150 ÷2)

③ 165, 75

예제 [답] ① 3, 3, 6 ② 6, 8, 16 ③ 16, 18, 36

유형 15-1 처음 수 구하기 p.130~p.131

1 [답] 14, 22, 41

2 [답]

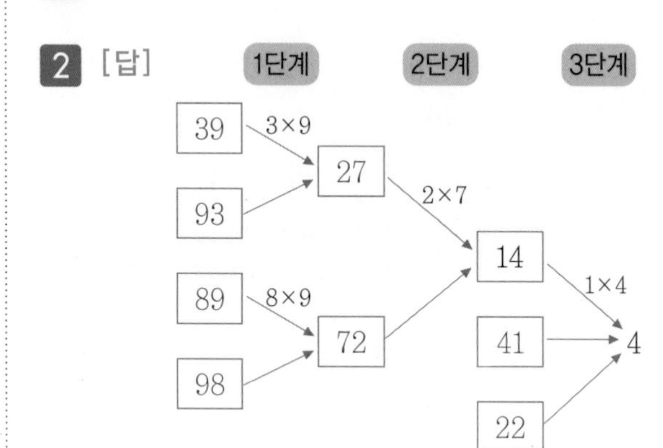

3 [답] 39, 93, 89, 98

확인문제

1 계산 결과가 11이 나오도록 거꾸로 계산하면 다음과 같습니다.

$$11 \xrightarrow{\times 3} 33 \xrightarrow{+9} 42 \xrightarrow{\div 3} 14 \xrightarrow{-8} 6$$

따라서 처음에 6을 넣어야 합니다.

[답] 6

2 2단계를 거쳐 각 자리 숫자의 합이 2가 되는 두 자리 수는 1단계를 거쳤을 때 11 또는 20이 되는 수입니다. 이때 각 자리 숫자를 더하여 11이 되는 두 자리 수는 29, 38, 47, 56, 65, 74, 83, 92입니다. 그러나 각 자리 숫자를 더하여 20이 되는 두 자리 수는 없습니다.

[답] 29, 38, 47, 56, 65, 74, 83, 92

유형 15-2 주고받기 p.132~p.133

1 [답] 갑: 20개, 을: 20개, 병: 80개

2 [답]

	구슬의 수		
	갑	을	병
마지막	40	40	40
③ 이전	20	20	80
② 이전	10	70	40
① 이전	65	35	20

3 [답] 갑: 65개, 을: 35개, 병: 20개

1 표를 그려서 거꾸로 생각해 보면 다음과 같습니다.

	사탕의 수		
	A	B	C
마지막	120	120	120
③ 이전	60	120	180
② 이전	60	210	90
① 이전	165	105	90

[답] A: 165개, B: 105개, C: 90개

2 100째 번으로 동전을 꺼내기 전에 저금통 안에는 $(2-1)\times2=2$(개)의 동전이 있었습니다. 이와 같은 방법으로 거꾸로 생각해 보면 동전을 꺼내기 전과 꺼낸 후의 동전의 개수는 변함없이 2개임을 알 수 있습니다.

[답] 2개

창의사고력 다지기

p.134~p.135

1

	파란 구슬	빨간 구슬
마지막	20개 ↖−20개	15개 ↖−5개
처음	40개	20개

[답] 20개

2 다음과 같이 그림을 그려서 거꾸로 생각해 봅니다.

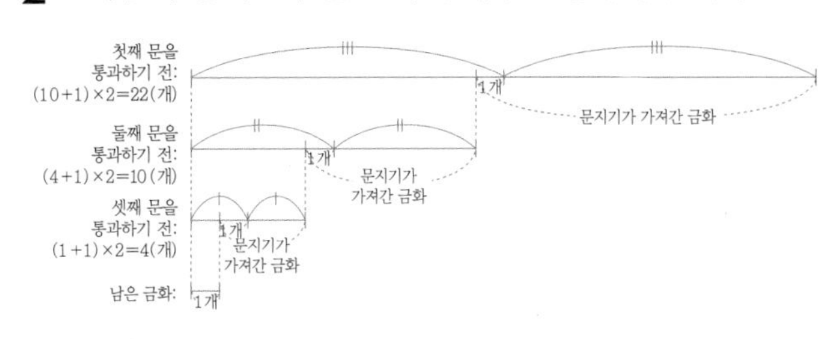

[답] 22개

3 다음과 같이 표를 그려 거꾸로 생각해 봅니다.

단계	영희	수철	기현
마지막	24개	24개	24개
셋째 번 게임 전 (기현 패)	12개	12개	48개
둘째 번 게임 전 (수철 패)	6개	42개	24개
첫째 번 게임 전 (영희 패)	39개	21개	12개

[답] 영희, 39개

4 영수가 한 행동은 B 바구니에서 A 바구니로 2개씩 달걀을 옮기는 것과 같습니다. 10번을 반복했으므로 B 바구니에서 A 바구니로 $2\times10=20$(개)가 옮겨졌고, 이때 B 바구니가 비었으므로 처음에 B 바구니에는 20개의 달걀이 있었습니다. 따라서 처음에 A 바구니에는 B 바구니보다 40개 더 많았으므로 영수가 처음에 닭장에서 가지고 온 달걀은 모두
$20+40+20=80$(개)입니다.

[답] 80개

Memo

팩토는 자유롭게 자신감있게 창의적으로
생각하는 주·니·어·수·학·자입니다.

Free Active Creative Thinking O. Junior mathtian

논리적 사고력과 창의적 문제해결력을 키워 주는

매스티안 교재 활용법!

대상	창의사고력 교재		연산 교재
	팩토슐레 시리즈	팩토 시리즈	원리 연산 소마셈
4~5세	팩토슐레 Math Lv.1 (6권)		
5~6세	팩토슐레 Math Lv.2 (6권)	킨더팩토 A, 킨더팩토 B, 킨더팩토 C, 킨더팩토 D	소마셈 K시리즈 K1~K8
6~7세	팩토슐레 Math Lv.3 (6권)		
7세~초1		키즈 원리A, 탐구A / 키즈 원리B, 탐구B / 키즈 원리C, 탐구C	소마셈 P시리즈 P1~P8
초1~2		Lv.1 원리A, 탐구A / Lv.1 원리B, 탐구B / Lv.1 원리C, 탐구C	소마셈 A시리즈 A1~A8
초2~3		Lv.2 원리A, 탐구A / Lv.2 원리B, 탐구B / Lv.2 원리C, 탐구C	소마셈 B시리즈 B1~B8
초3~4		Lv.3 원리A, 탐구A / Lv.3 원리B, 탐구B / Lv.3 원리C, 탐구C	소마셈 C시리즈 C1~C8
초4~5		Lv.4 기본A, 실전A / Lv.4 기본B, 실전B	소마셈 D시리즈 D1~D6
초5~6		Lv.5 기본A, 실전A / Lv.5 기본B, 실전B	
초6~		Lv.6 기본A, 실전A / Lv.6 기본B, 실전B	